U0151392

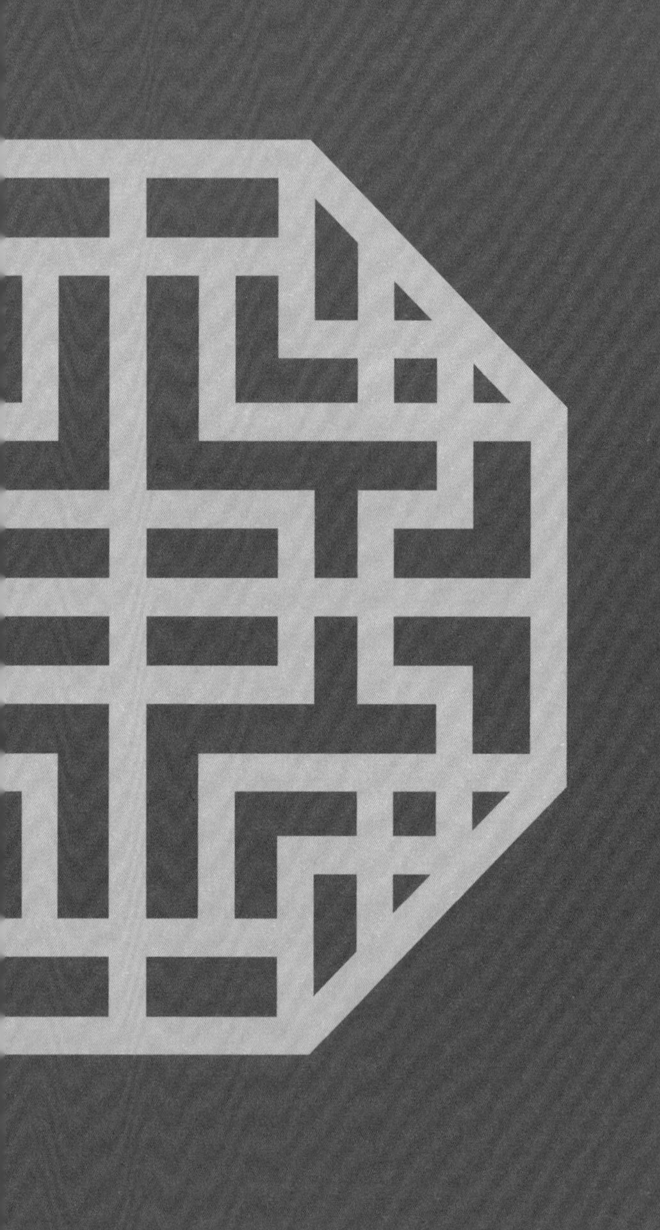

民国粤味

粤菜师傅的老菜谱

周松芳 编撰

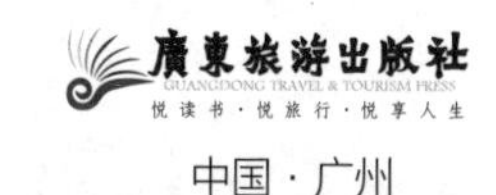

中国·广州

图书在版编目（CIP）数据

民国粤味：粤菜师傅的老菜谱 / 周松芳编撰．--广州：广东旅游出版社，2021.7
（2022.6重印）
ISBN 978-7-5570-2460-4

Ⅰ．①民… Ⅱ．①周… Ⅲ．①粤菜—菜谱 Ⅳ．① TS972.182.65

中国版本图书馆 CIP 数据核字 (2021) 第 082192 号

出 版 人：刘志松
丛书主编：赵利平
策划编辑：陈晓芬
责任编辑：陈晓芬　陈　吉
封面题字：赵利平
摄　　影：何文安　陈永善
装帧设计：谭敏仪
责任校对：李瑞苑
责任技编：冼志良

民国粤味：粤菜师傅的老菜谱
MINGUO YUEWEI: YUECAI SHIFU DE LAOCAIPU

广东旅游出版社出版发行
（广州市荔湾区沙面北街71号首、二层）
邮编：510130
邮购电话：020-87348243
印刷：广州市岭美文化科技有限公司
（广州市荔湾区花地大道南海南工商贸易区A幢）
开本：787毫米×1092毫米 32开
字数：180千字
印张：7.5
版次：2022年6月第1版第2次印刷
定价：58.00元

目

录

总序
食在广州及其他

某日与非粤籍而主政广州的某政府要员聊天，他说饮食这事本为充饥，后社会发展因功能与需求发生变化而衍化出许多不同来。各菜系也如是，湖南菜之所以偏咸偏辣，本为好餸饭（粤语，意为搭配白饭一起进食）；东北菜的“混炖”，味浓汤肥，往饭里一捞，简单直接就能填肚子了；而粤菜则不同，广东物产丰富，毗邻海外，得风气之先，各种风情，诸般讲究，各式菜肴小食，无须餸饭已各自成为主食的组成部分，自然鲜淡适口，色香味形，尤以“食在广州”驰名的广府菜为甚……

时至今日，食物已不仅仅用以充饥或摄取营养，人们对其品味与仪式的审美重视在社会交往及日常消闲中已日益彰显；粤菜更是以其精烹细脍、风味别饶而独树一帜，其遍布大江南北，风传五湖四海，“食在广州”名不虚传。据中山大学周松芳教授考测，虽广州饮食烹饪记载已有逾两千年的历史，但“食在广州”之驰名乃始于晚清、兴于民国，之前虽有“杂食”之习俗，但仍属南蛮之地而未臻讲究，食俗美誉也未能远播。晚清至民国期间，一众仁人志士、文化名流、政客巨贾聚集与生活于斯地，政商往来、生活礼仪、品味情趣等与当地人文、物产、气候的融合，令时人对美食的讲究演绎至极致；源自广东、盛于京城的“谭家菜”，备受崇尚的江孔殷“太史家宴”，康有为题书“陶陶居”与茶楼趣事，鲁迅喜欢粤式小食与许广平赠土鲮鱼并同至

妙奇香夜饭，宋子文偏爱广州酒家独特烹制的“广州文昌鸡”，孙科尤喜“鲮鱼面”，蔡廷锴题写“饮和食德”……许多食坛趣闻与逸事屡见记载及传播于坊间，许多名菜美食也风行一时，影响广泛，有的菜肴制作技法传承至今，依然为人们日常享用之美味佳肴。

不过，时代变迁，风云动荡，特别是经历物资匮乏的年代之后，许多食谱名菜与习俗已随着时光而流失；也许是跟不上时代的步伐，也许是不适应当今的味觉与审美，但我更多地认为是时局动荡导致的失传与断层，甚为可惜！而广州酒家集团，作为著名的中华老字号和“食在广州”责无旁贷的主要传承者，“粤菜烹饪技艺”的非遗传承保护单位，一直致力于传统菜谱的发掘与活化，先后研制出“南越王宴”“五朝宴”“满汉全筵”（满汉精选）“民国宴”等，无不备受专家与食客好评，媒体也曾广泛报道。但是，老菜谱的相对缺乏，也制约了我们进一步的创新与发展——借古以革新，是中华文化最优良的传统之一，因此如何发掘整理老菜谱，也就成了我们的新使命。有幸的是，我们找到很好的合作者——知名岭南饮食文化史研究专家周松芳博士和著名收藏家张智先生。大家本着共同的使命，决定齐心协力编撰“民国老菜谱丛书”，以助当今食人菜品研制与重现昔日精华，力求弥补粤菜风华流失之遗憾。在各方协助配合下，周松芳先生很快编撰出了丛书的第一种——《民国粤味：粤菜师傅的老菜谱》。

《民国粤味：粤菜师傅的老菜谱》以早年刊发于报刊等之文人食客和行家里手的饮食散记为主体，著者配以按语和适当分析，以方便当今读者理解；内容有煮食之道，有史实传奇，有经典菜肴，有家常风味，有食材用料，有习俗宴席，还有一些食府名店的菜谱与启事之类；时而述事叙物，时而评论菜品，时而指点烹制，时而

撩人食欲，时而喻物抒怀……不一而足，甚为可观。

接下来的第二种，则以整理编撰张智先生历年收藏的大量岭南私家菜谱钞本为主，由于时间跨度大，早于晚清，迄于20世纪70年代，而以民国时期为主，这样不仅提供了更丰富的菜谱资料，也更利于我们了解岭南饮食及其文化的发展变迁之轨迹。

梁实秋先生曾说“旧事物之所以可爱，往往是因为它有内容，它能唤起人们的回忆”与“超然远举，与古人游”。我想这饮食之“旧事物”还不止于此，它不仅是拾遗补漏，还是温故知新，既利于经典的重现，还利于创新的启发，更是文化底蕴与文化自信的体现，也是满足人们对美好生活向往的应有之举。

由是观之，对于“民国老菜谱丛书”的编撰者与出版者的明智之举应击掌称誉，这不仅为我们进一步弘扬“食在广州”及其文化提供了最为“靠谱”的支持，也为助力岭南文化强省建设做出了新的更大的贡献。本人承蒙抬举错爱担任丛书主编，拟此小文，权当序。

广东省文化学会原副会长

广东省文艺评论家协会原副主席

广州酒家集团总经理

赵利平

前言

中国人的传统，凡事讲求一个“谱”字，饮食之“谱”，尤为重要；“食在广州”，腾于众口，然笔者曾考测其得名，当始于晚清，兴于民初，至二十世纪二三十年代臻于极盛，因为笔者寓目的更早的文献资料及各种电子数据库和网络搜索，均见不到“食在广州”或“吃在广州”四个字的踪影。为此，笔者肆力搜集晚清民国时期关于岭南饮食的各种文献，争取为“食在广州”做点靠谱的备注。所以，在《岭南饕餮：广东饮膳九章》一书中提出，“食在广州”应该肇兴于清初中期一口通商体制的确立，在五口通商以后随粤商北上上海、天津及北京，尤其是在上海地区，渐渐获得名声，从而确立地位，并在民国时期得到进一步的发展。以往许多本土的论家，往往引用屈大均《广东新语》（“天下食货，粤东尽有之；粤东所有食货，天下未必尽有”；“香珠犀象如山，花鸟如海，番夷辐辏，日费数千万金，饮食之盛，歌舞之多，过于秦淮数倍”），认为“食在广州”打那时候就已开始了，其实只不过是自作多情。

然后通过对《民国味道：岭南饮食的黄金时代》一书进一步考察发现，尽管岭南当时因广州一口通商而繁荣富庶，食材充积，但是在交通落后、饮食口味地区适应性差的时代，你广州的饮食再好，外人也是难以认可的——口之于味，有不同嗜焉——他吃不惯啊！所以，直到清代中期，关于广州饮食的笔记文章，仍是流于猎奇的记述，鲜少正面的称道。所以，从客观上讲，如李一氓教授在其《存在集》（续编）中认为，区域饮食文化的认知，得等到国内市场有一定发育，人口流动有一定规模，并且有了一定数量的职业厨师，才可达成。上海因为开埠与繁荣而率先具备这一条件。上海在五口通商开埠以后，以其独特的区位优势，迅速夺广州之席成为远东国际贸易中心，而商机灵敏的广东人也蜂拥而至上海，一方面填补大量买办（国际贸易专才）的空缺，另一方面从事巨量的贸易；居沪粤人，短时间内就猛增至四五十万，配套的粤菜馆也在当年的北四川路、武昌路一带成行成市地开办起来。虽然初期主要“内销”，不久也就以其优良的品质，征服了上海人以及其他各色移民，尤其是一众的文人；而文人们在至为发达的商业传媒上摇笔弄舌，“食在广州”的名声就这样不胫而走，并且渐渐臻于“表征民国”的境界。

其实，上海商业上夺广州之席，饮食却是互相促进的。一方面粤人逐鹿沪上的商业成功所积累的财富对广州有所反哺，另一方面上海粤菜馆除了以“礼聘粤东名厨”相号召之外，在激烈的市场竞争中，对各大菜系及西菜的“营养”的充分“吸收融合”之法，也影响到广州本土的粤菜馆的取径。在这穗沪饮食“双城记”的演绎中，上海还为“食在广州”留下了另外一笔宝贵的财富——“菜谱”。近二十年来，笔者竭泽而渔式地搜集的岭南饮食史料，就多出自上海——因为粤人行胜于言，以及文化相对后进，故多假诸外人之口笔；近现代以来，岭南饮食史料以时近而多存，但主要也有赖于传媒的发达，这方面上海尤其传媒中心的中心，粤菜史料依沪上传而保存，实在也是情理中的事。同时，广州本埠媒体之所以少有报道，也有日食斯土，既习焉不必察，又何用书而刊？粤菜菜谱也自不例外地多出自沪上媒介。上海媒体上所刊之菜谱，既有出自广东本地人之手笔，也有出自沪上粤

人之手笔，其中包括食品大王冼冠生等。从广州著名收藏家张智先生收藏民国老厨师手自抄录的私家粤菜谱中，也可以看到津沪粤菜馆的影响。而从《申报》刊登的几个并不十分具有代表性的粤菜馆无虑数百上千款的“星期点心谱”、上百款的月饼，以及动辄三四百款的菜谱，可知当日粤菜馆的创新能力与供应能力之强；一见之下的那种震撼，让人无法不认可那实在是“食在广州”的黄金时代。

有“食在广州”开山之誉的广州太史菜创始人江孔殷翰林之嫡孙女江献珠女士，在矢志传承家族菜肴的时候，就痛感民国菜谱的缺乏。因此之故，成于清光绪十三年（1887年）的红杏主人的《食品求真》；广东科技出版社2014年以《美味求真》的书名出版时，整理注释者说晚清民国以来，民间一再印行，版本繁多，成为粤厨傍身之宝。然而详观细察，此书实嫌简略，无甚可宝贵之处，较之后来广州的吴慧贞女士于1947—1948年在上海《家》杂志连载的《粤菜烹调法》，远不可同日而语（虽然也有参考借鉴它的地方），也可反证“食在广州”的盛名，实在是后来形成的。同时，我们更应认识到粤菜菜谱之稀罕可贵，与“食在广州”之盛名也大不相称。而无谱可传，“食在广州”之盛名如何副实承传？因此，现在我们从旧报刊、旧图书上辑出这些民国粤菜谱，并加分类整理，其意义当自不待言了。

本册整理的老菜谱，都是在报刊、图书公开发表过的，至于未曾刊布的私家菜谱，也正在整理之中，敬请期待。

民国粤菜煮食之道

『广州深得人文和地理上的优胜，因之饮食一道，亦无处不表现其烹调的技巧，「吃在广州」的一句俗谈，我认为是最恰当的批评。』

煮食之道②

广州的“吃”是驰誉全国的。笔者自幼生长斯地，深受此种传统风气的熏陶；而家长和世伯们又好于每周假日召集宾客，设宴家园，研究食谱，席上必有一二色佳肴出于主妇手制的，这不但表示了主人款待之诚，且足以显示主妇烹调之精，他们常于席间品评称赏，宾主尽兴；但家母的目的还不只在款客，更藉此机会以烹饪之法教给女儿，以传中馈妇道，而尽家庭教育的责任。

起初我以为饮食之道，在科学的观点讲来，只要有适量的蛋白质、脂肪、碳水化合物、磷、钙、铁以及各种维生素，足够身体营养之所需就好了，何必更求菜式滋味的变化？殊不知更换菜的式味，不只是徒快口腹，还能使人精神愉快，促进唾液和胃肠消化液的分泌，而有增强营养吸收之功。所以古今中外的名厨菜馆，不但力求烹调式味的精美，且亦讲究席上的铺陈，如象箸银

---

①本章节选了《粤菜烹调法》部分内容。

②标题为编者加。

盏、鲜花佳果等，也无非是藉美丽愉快的感受而引起食欲。

当我明白了食品式味与人体营养的关系，我对于烹饪的事便更为重视了。就经验所得，虽不敢说是式式尽善，但自问能与名酒家媲美的菜，计有二百余味之多，足以款待嘉宾，担当厨下工作了。现在我很愿以一得之愚，公诸同好，在本刊分期刊登，以冀抛砖引玉。

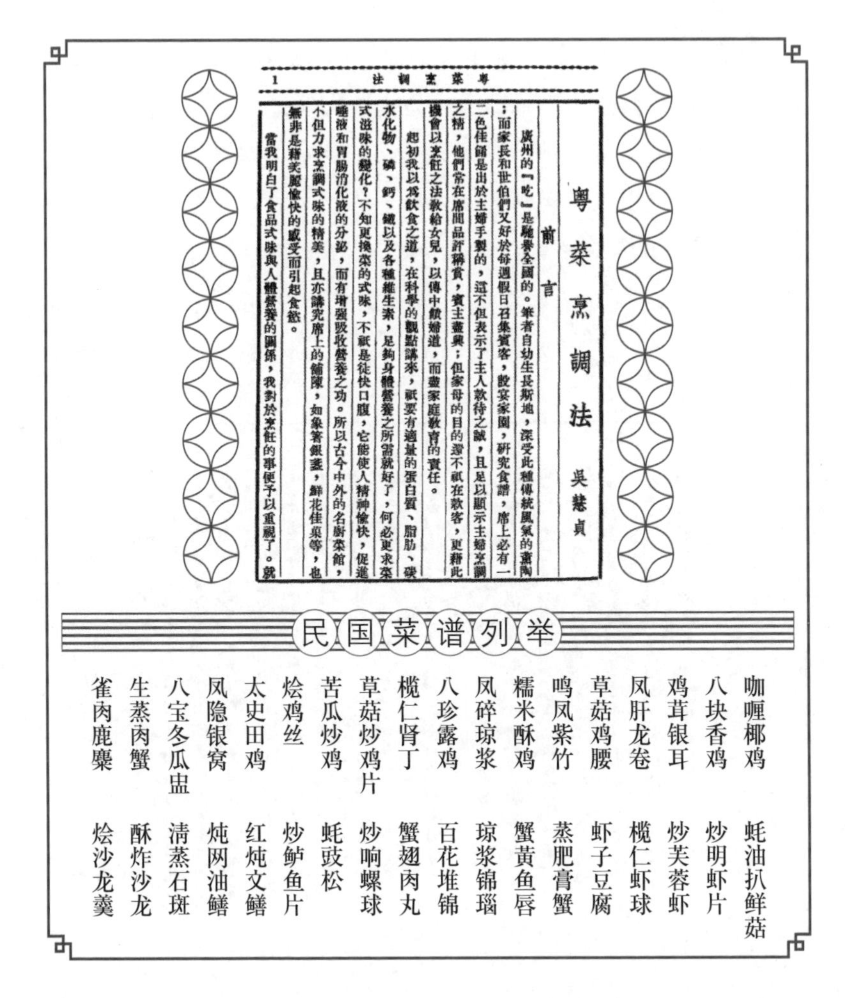
粵菜烹調法　1

粵菜烹調法　吳慧貞

前言

廣州的『吃』是馳譽全國的。筆者自幼生長斯地，深受此種傳統風氣的薰陶；而家長和世伯們又好於每週假日召集賓客，設宴家園，研究食譜，席上必有一二色佳餚是出於主婦手製的，這不但表示了主人款待之誠，且足以顯示主婦烹調之精，他們常在席間品評稱賞，賓主盡興；但家母的目的還不祇在款客，更藉此機會以烹飪之法教給女兒，以傳中饋婦道，而盡家庭教育的責任。

起初我以爲飲食之道，在科學的觀點講來，祇要有適量的蛋白質、脂肪、碳水化物、磷、鈣、鐵以及各種維生素，足夠身體營養之所需就好了，何必更求菜式滋味的變化？不知更換菜的式味，不祇是徒快口腹，它能使人精神愉快，促進唾液和胃腸消化液的分泌，而有增强吸收營養之功。所以古今中外的名廚菜館，不但力求烹調式味的精美，且亦講究席上的舖陳，如象箸銀盞，鮮花佳菓等，也無非是藉美麗愉快的感受而引起食慾。

當我明白了食品式味與人體營養的關係，我對於烹飪的事便予以重視了。就

民国菜谱列举

咖喱椰鸡　蚝油扒鲜菇
八块香鸡　炒明虾片
鸡茸银耳　炒芙蓉虾
凤肝龙卷　榄仁虾球
草菇鸡腰　虾子豆腐
鸣凤紫竹　蒸肥膏蟹
糯米酥鸡　蟹黄鱼唇
凤碎琼浆　琼浆锦瑙
八珍露鸡　百花堆锦
榄仁肾丁　蟹翅肉丸
草菇炒鸡片　炒响螺球
苦瓜炒鸡　蚝豉松
烩鸡丝　炒鲈鱼片
太史田鸡　红炖文鳝
凤隐银窝　炖网油鳝
八宝冬瓜盅　清蒸石斑
生蒸肉蟹　酥炸沙龙
雀肉鹿麋　烩沙龙羹

按：《美味求真》只字不言汤，而汤是粤菜必备，而且是前提首选。不仅吃粤菜先饮汤，而且传统粤菜烹调，无论如何离不开调味的高汤；后来者以味精代高汤，陈梦因甚至因此认为这是粤菜走下坡路的开始。北京最负盛名的谭家菜，在谭瑑青夫妇去世后，后来者留下的菜谱中，屡屡用味精，即知其当非“原味”矣！后叙。

再按：广州八旗世家子弟出身、XO酱发明者王亭之，也藉由太史田鸡谈到民国粤菜上汤的品味及地位：

前面谈到上汤，因此不妨谈一谈“太史田鸡”，因为正是由此菜肴，触发出上汤食制。

“太史田鸡”是梁鼎芬太史的家厨食制，即用田鸡与火腿炖汤，再用这啖汤来扣冬瓜与田鸡腿，田鸡腿则先走过油。这味菜，妙处在清，汤清而鲜，甚宜夏日，于是一时成为名馔。

陳蘭甫先生自書詞稿

陳蘭甫手書詞稿　譚瑑青先生藏

后来十三行买办辈吃盛肴盛馔吃到腻，因此便用田鸡火腿熬汤制作一系列食制，例如田鸡冬瓜盅、田鸡腿烩海蜇、田鸡汤烩瑶柱羹，当时几乎凡用田鸡火腿汤来整治的菜肴，都一律冠以“太史之名”。

及至大三元酒家开业，“翅王”吴銮的师父，才创出烩鲍翅专用的上汤，不用田鸡，改用老鸡与脑头，却仍然用火腿，加上陈皮，然后才熬出当时外卖一个银圆一壳的上汤出来。许多人买回家作家厨治馔。

其后治上汤的配方甚多，且有人用牛肉熬汤以取汤色汤味，较浓这已经是一种变化。若将这种上汤跟“太史田鸡”的上汤比较，可谓改变甚大，但是，却未见作改变的几位厨师，自诩为“新派”也。偏偏现在将骨汤加鸡粉治肴的厨师，却胆大自称新派而不面红，然而又不敢说穿自己的上汤是怎样的一锅物事，你说，发展下去除了骗骗未吃过正宗粤菜的人之外，尚敢说“食在香港”耶？（《王亭之谈食·且谈新派粤菜》，生活书店2019年版，第308—309页）

又按：最负盛的北平谭家菜，给行家甚至后来的主厨彭长海印象最深的，也是其下铁本制高汤：“所谓下料狠，是指吊汤时舍得多下料。凡是传统的中国菜，都是依靠厨师精心吊制的汤料来提鲜的，尤来是烹制鱼翅、燕窝等山珍海味，更需要好汤料来辅佐。谭家菜中的清汤，是用整鸡、整鸭、猪肘子、干贝、金华火腿等原料熬制而成的，其汤清而味浓，极为鲜美。因为吊出的汤好，烹制出的菜便更加鲜美。”（彭长海《北京饭店与谭家菜》，经济日报出版社1988年版，第9页）

烹调要诀

有了菜料，并非就能做出好菜，除了要善于选料之外，还须具有烹调的基本技术，如五味调和、火候适度、刀法手法并佳、配料得宜、知所先后等，这样才能使做出的菜臻于尽善尽美之境。

在“烹”的技术方面有“炖”“蒸”“煎炒”“火候”；在“调”的方面有“汤”“宪头”“配料”。现分述如下：

“炖”有六种要诀：（一）炖品要脸（熟也）；（二）汤水要适量（多则味欠浓厚、少则嫌胶滋腻喉）；（三）要不失原味；（四）材料要配合相称；（五）火候要均匀；（六）不要中途加水。

“蒸”菜的要旨，在取其鲜嫩及不失原味，如蒸海鲜之属，必先用布抹干水分，然后加以配料同蒸，火候必须以紧熟为度，它的肉质才能滑；它的汁必须全系原身精液，其味才鲜。

“煎炒”有七忌：（一）调味不和；（二）汁过多或过少；（三）火候不佳、不匀，太老或太嫩；（四）配料、小菜不相称；（五）刀法不精；（六）停冷无镬气；（七）油多或少。

“火候”则有文火、武火之分，因菜式本身有刚柔之别，刚者需火宜多，柔者需火较少，必须视物而施，如肉类用武火煎炒，则蛋白质因受高热而滋胶凝结，不易泄出，取其滋味足，而显芳香，如用文火煨煮，则肉味逐渐透出，全味在汤；又如烧红猛镬后，将镬提出，全不用火，以阴镬（即先用武火将油镬烧猛，然后将火收至极慢或完全离火）把菜炒熟，则取其鲜嫩，如炒鱼片虾仁之类是也。

老火汤

以上四种"烹"的门径，能细心体会推求，自臻佳境。下面是"调"的方法。

"汤"是调味之王，粤中酒家，每以上汤味高而驰名。它提炼的原料，是用老鸡、精猪肉、猪骨、火腿等熬炼而成；如款待其他有饮食禁忌的教友，则改用腊鸭骨、老鸡等，也别具风味。大概用料愈丰，味度愈高，而成本愈重。酒家中上汤一味，价值万千，视为常事。但家常应用，不宜太奢，如会（同"烩"，后同）菜相当者，自可备上述适当的材料熬炼应用，否则购些猪骨、火腿骨，与用剩的肉头肉尾、虾头蟹壳、鸡鸭鱼骨等废物，全放汤内同熬，其味也很鲜美，不输于西菜之五鲜汤；且汤内含有各种丰富的养分，可谓实惠而不费。珠江紫洞艇也取法于此，所以他们有价廉物美之誉。上汤最忌用劣等化学调味品，因多吃了后常患口苦、口渴，为食客所唾弃，酒家所不取。至汤水务求其清，其漂清之法为先用纱布铺在炸篱上，把汤内渣滓滤去，再把汤煮至沸滚，然后用鸡蛋白一二只在碗内搅匀，放入汤内，则汤中游离渣滓，尽被蛋白吸收凝结，其汤自清。如仍有未尽，可再用蛋清。

"芡头"也是和味的要素，以混合的配料，使五味调和，增加菜味的甘香，是调味法的首要，所以粤厨叫它做"芡头"。它的原料是以生豉油、老抽油、白糖、胡椒粉、香料、果汁、菜汁、绍酒、麻油之类，加以豆粉水调和，使配料各味汁液黏合，而增美味。至或加或减，用多用少，或者不用，须视菜式而定，务要因物制宜。

"配料"小菜，乃是调和增味的辅佐，也须讲求。菜之味有浓厚清淡之分，质有爽脆滑腻之别，且也因产生地和时季的不同，选用自异，务求配合得宜，不能拘泥不化，这全在做菜者的神而明之，巧为运用。

餐具

“餐具”不在烹调范围之内，似无涉及之必要，殊不知“餐具”的色彩款式与配制得宜，不独可以表示隆重名贵，引人快感，且与菜式大有关系。如避免菜冷，用水碗（上格盛菜，下格盛滚水之特制碗）盛之。又如“菊花鲈羹”则必以薄铜锅下燃小杯高粱酒，方为合宜，因小杯高粱，火力恰到好处，且增香气，如用火酒，就失本原，若用炭火，更失鲜嫩，所以餐具也是讲求烹饪所不可忽略的。

广东人的吃

蔚贤

日昨读他报蔡夷白君《好小蔡》一文，不禁联想到广东菜馆里的好小菜。的确，粤人之食谱，名闻遐迩，其味之佳，有口皆碑。语云：食色性也。唯粤人对之特别爱好，故对食品，不厌求详，力图考究，中菜之花样，亦独以粤菜为最多，而以此技饮誉厨坛者，大有人在。如康乐之梁炳、南华之冯培、新华之陆十二、荣华之陶亦祥等，固其中之佼佼者。

在省港两地，大有“五步一酒楼，十步一茶室”之概。茶市之盛，有如上海之投机市场，乃人心向往之地，盖“上茶室”已成每日习惯矣。翻开粤菜食谱，名目百出，更有嵌些诗情画意字样者，如云裳现仙子（奶油拌鸡子）、西施太极柳（一半蚕豆蓉

新都週刊　　第二期

食在廣州乎？食在廣州也！

張亦菴

某雜誌裏有某先生的一篇短文，談及「食在廣州」的問題，說廣東菜不但烹調得法，而且色香味三者俱全。他指出了廣東菜的優點和缺點，論優點，可以佔全世界第一位，缺點是少變化。此外又列舉了許多地方的菜色而爲上海所能吃得到的。結論是「與其說食在廣州，毋寧說食在上海。」因此知道這位先生也是老饕中人，否則安得如此精詳細到？

在食論食，鄙人以爲該文所論，尙頗有一點值得商量之處。「食在廣州」這句話裏所指的「食，」竊以爲不一定專指菜肴而言，應該連一切可食之品都包括在內，菜肴僅居食道之一而已。

食之品，可大別爲二：一爲天然的，一爲人工的。而菜肴祇是人工的食品中之一品，未足以概括所有食品。人工的食品，除了菜肴之外，尙有點心，糕餅，蜜餞，糖果，以及其他雜食之類。

啊！說到了這些，不由我不想起廣州燕塘外沙河那裏的沙河粉，荔枝灣的艇仔粥，（上海雖亦有以艇仔粥之名目出賣，但迥非此物）九龍城的餛飩麵，（港九闔人往往

雀丝，一半奶油炒鱼丝）、锦绣椰菜卷、雀肉凤凰球等，听来美妙异常，其实乃普通蔬菜鱼肉耳！不过经厨师们做过一番手脚，那么一弄，便成美味佳品。有的模仿西菜，亦有由名厨自出心裁，各演千秋，广东菜的特征是生而量少，至于质料确实考究之至：青菜只要菜心，竹笋只要寸把笋尖，举凡猪鸡牛肉，必拣其嫩而新鲜者，惜乎其量太少，较之京苏、宁菜，确有小巫与大巫之别也。其菜肴大都煮得恰到熟处，肉类更须熟里带点生，过熟则欠鲜味可口矣。

（选自《繁华报（1943）》1945年5月20日2版，略有删节）

广州菜谱研究

冼冠生

广州深得人文和地理上的优胜，因之饮食一道，亦无处不表现其烹调的技巧，“吃在广州”的一句俗谈，我认为是最恰当的批评。

光阴正像白驹过隙，本人经营食品事业，转瞬已届三十个年头，驽牛之材，当然没有重大的发现，而本刊主编，希望“食品”“文艺”“修养”和“兴趣”的四个取材对象，都达到某种程度，每种稿件，特请专家撰述，不才如鲰生，亦承再三嘱托，盛情难却，乃一谈广州的菜点。

广州土菜，形式口味，和京苏[1]不同，例如咸蛋蒸肉、咸菜炒牛肉，江浙两省，或许以之当作家常的菜肴，其他像花生煲猪尾、萝卜酸溜猪爪、白豆烧土鲮鱼、莲藕煲猪肉汤，那可说广州的特菜。若烹调得法，（常用姜、葱、陈皮），自是风味绝佳，即于卫生一道，也大有裨益，就说白豆吧，蛋白质很多，外皮虽多木纤维，但烧透之后，也容易消化了。土鲮鱼是广菜的主要原料，鲜味很可口，价亦便宜，鱼肚、肠、肺、脂肪甚多，自非上

①也即和京菜馆、苏菜馆不同。

述的几味家常菜所能控制一切，而现代的花样翻新，便是一个发达原因。广州是省政治省经济的纽枢，向来宦游于该地的人，大都携带本乡庖师，以快口腹，然而，做官非终身职，一旦罢官他去，他们的厨司，便流落在广州，开设菜馆，或当酒肆的庖手，维持生计，所以，今日的广州菜，有下表中所列菜式：

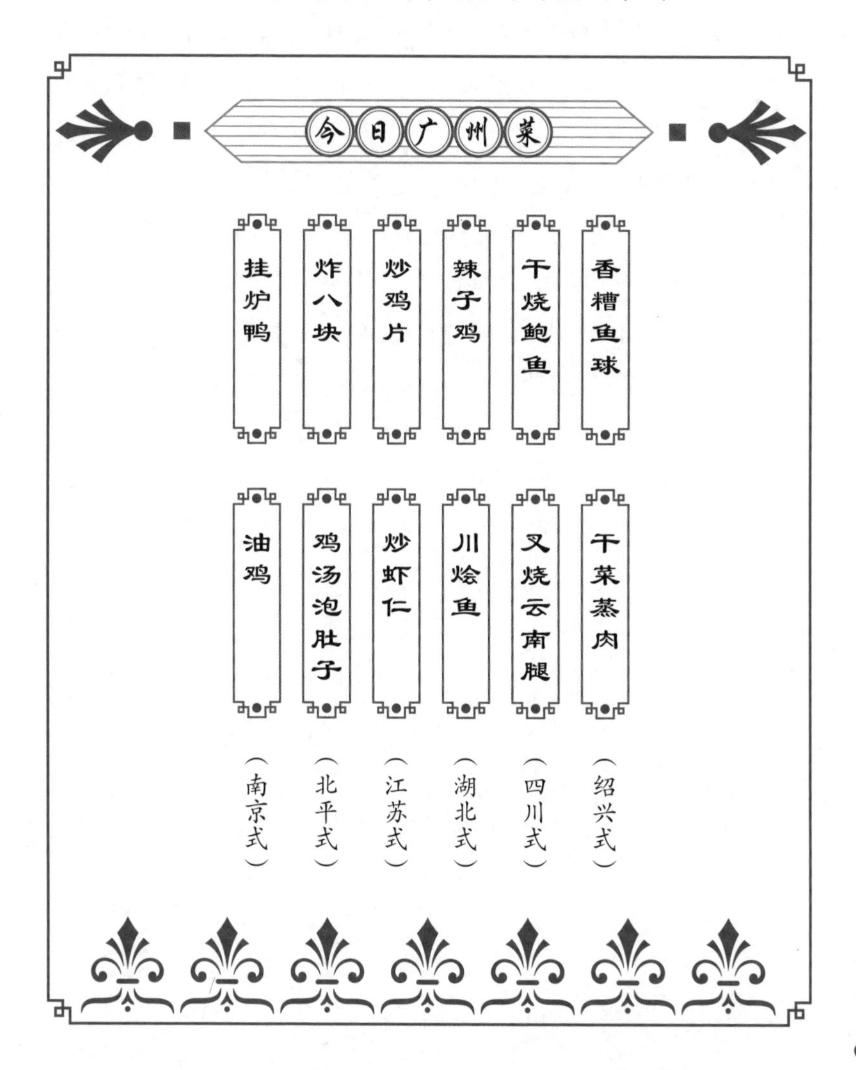

关于点心方面，又有扬州式的汤饱烧卖，总之，集合各地的名菜，形成一种新的广菜，可见“吃”在广州，并非毫无根据。广州与佛山镇之饮食店，现尚有挂姑苏馆之名称，与四马路之广东宵夜馆相同。官场酬应，吃是一种工具，各家厨手，无不勾心斗角，创造新异的菜点，以博主人欢心，汀州伊秉绶宴客的伊府大面，便是一例。李鸿章也很讲求食品，其在国外都很有名，他在广州是发明烧乳猪的第一人；李公集会汤，是在李府首次款客之后，才流传到整个社会。岑西林宴客，常备广西梧州产之蛤蟹蛇、海狗鱼、大山瑞等，近则此种风味，已吹至申江之广式酒家。

关于原料一点，广州确有它优胜所在，食料既非常讲求，手续亦十分仔细，所以鸡、猪价格，固然高贵，而肉味肥嫩，别有风味，也为他处所不及。气候与食品，两者更有关系，广州气候温和，系大家习知的事实，气候一占优势，物质自然丰富，就是说冬令腊味吧。广州有和煦的西风，吹着大地的一切，腊味制造，便不会发生冰冻的弊端。

我再说广东的烹调方法，藉此结束本文，原来广菜注重本位——厚浓的上汤，与众不同，例如说贵族家庭的日常饭菜——烧豆腐，先用火腿鸡肉，或以瘦肉，制成一种上汤，再和豆腐同煮，自然豆腐风味，鲜美异常，这也是广州和其他地方，烧菜全仗重油者，可说是绝对两样。在理论方面，我尚认为广菜的物质配制，也略为高明。

（选自《食品界》1933年第2期，原题《广州菜点之研究》）

粤家常，粤经典

『到广东人家去吃饭，如果有特备的菜，总是教你满意得大快朵颐，实在，广东菜是值得称道的，山瑞不过是其一例罢了。』

糯米酥鸡

草菇鸡腰

咖喱杏鸡

核桃鸡丁

鸡茸粟米

鸳鸯戏水

生蒸肉蟹

无鸡无以安客[1]

吴慧贞

在第十二期本杂志开始刊载以来，所述鱼类的菜式已有一百二十余味，如能巧为运用，对于家常小宴也可应付裕如。兹为免于过分单调起见，暂时停海错，转谈山珍，想必为读者所欢迎。

盐焗肥鸡——鸡肉营养价值之高，超过任何肉类，且其生殖繁而长大速，最宜作为日常滋养之品。粤省所产的十全竹丝鸡，佛山的贮候鸡，防城的白肉鸡、文昌鸡、牛奶鸡等都是优越的品种，且以饲养得法，为食者所称誉。如十全竹丝鸡具有重冠、黑舌、有髻（头上缨毛）、配裙（髀茸毛）、穿裤（足有茸毛）、孖脚趾、竹丝毛、乌面、绿耳、黑骨肉十种特点，它不但被视为席上珍馐，且用以配药，为白凤丸的主要原料，其滋补力之大可知。又防城的白肉鸡，它的皮肉雪白，肉的纹理极细而嫩，所含白色脂膏甚丰满；而文昌鸡也有骨软肉滑之长，这些都是由于品种的优异。至佛山的贮候鸡，则在于选种与饲养各得其宜，故食

①节选自吴慧贞《粤菜烹调法》之“分式菜式”。

程天固與文昌鷄

浩瀚

食在廣州，而食之中尤以鷄為美，鷄之中尤以產自信豐者為美，故所謂信豐鷄者，遂馳名五羊城內。然自宋子文發現文昌鷄以來，自用飛機得送，於是文昌鷄之名，又凌駕乎信豐鷄之上。此次程天固視察海南島，該地人士盛為歡迎，酧酢無虛夕，每筵必有

文昌鷄

錫

▼經宋子文品題而著名▲

于髯翁讚賞鹽鷄

味亦以软滑见称，在它未烹饪之前，先择身矮而足骨细、冠红大及脚脾如八字叉开者，入于暗室内，以玉糠煮糟连饲一二星期，不使它动，则自能肉足脂丰，软滑甘香，其味之美，非经亲尝，难以想象。至于牛奶鸡，是粤省及香港牛奶公司的副产物，其所用饲料，并以过剩之牛乳，故所蓄之鸡甚肥美而滋养特丰，惜产量不多。如家常宴会，可用贮候方法，先行饲养备用。

盐焗鸡一味可以补身代药，鸡香肉嫩，绝无油腻，保全原质，不失原味。烹法先取肥姑鸡挦净，用布抹干里外，再以玫瑰露酒搽匀吊干后，用石湾出产的瓦制沙煲（即薄瓦煲），以海田产之生盐薄敷煲内，将鸡原只放入，再加生盐以盖过鸡面为度，随把煲盖盖上封密，放炉上以慢火烧约五十分钟，即可取食，半酥软滑，就是鸡身宜干，一有水分，其味即苦；火要慢而匀，才不致有鸡未熟而瓦煲先爆裂之虞。也有以蜜糖、香料之类搽鸡肚

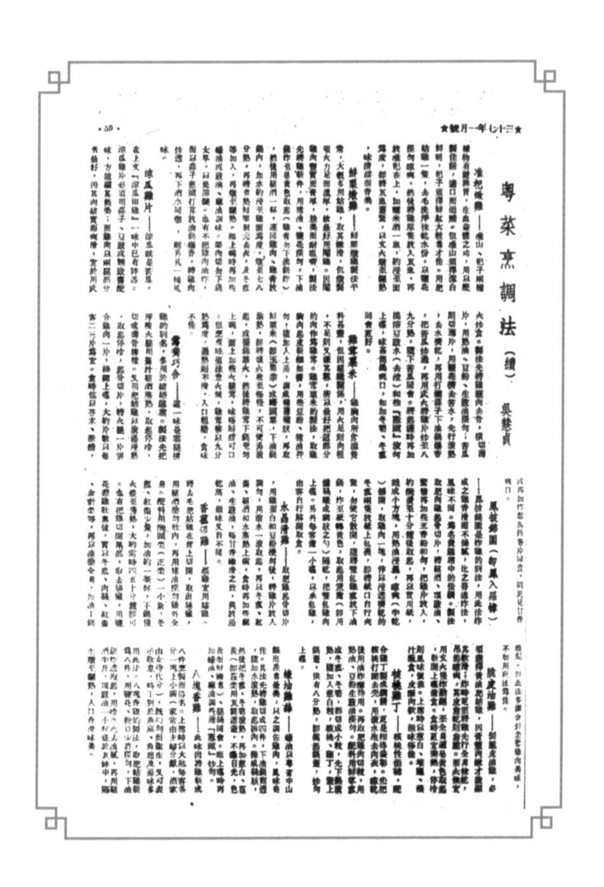

★三十七年一月號★

·59·

粵菜烹調法（續）

吳慧貞

内，虽增香味，但嫌杂浊，不及味清为美。

鸳鸯戏水——用挦净肥鸡、老鸭各一只，原只连骨用盐花将鸡、鸭里外擦匀，盛于瓦煲中，加绍酒半斤或糯米酒、红酒亦可，便把煲盖紧，隔水文火炖至烂熟，肉香滑而汤浓厚。食之补身。

凤翼穿云——将挦净鸡翼切开，每节分为二，取出翼中骨筒，实以瘦云腿肉丝于原来骨洞内，以熟油、盐花调匀，放碟用碗盖密，隔水蒸至仅熟为度。临上席时加些“宪头”、葱白，滚

盐焗鸡

匀上碟，味甚鲜滑甘香。但所用鸡翼须择皮厚肉少者为宜。

（原载《家》1947年年终号第24期）

淮杞炖鸡——淮山、杞子两种植物有健脾胃、生血益体之功，用以配制佳肴，适口而滋补。但淮山须择洁白鲜明，杞子须择鲜红大粒者才佳。用肥姑鸡一只，洗净抹干水分，用盐花擦匀晾爽，然后将原只放入瓦盅，再放淮杞在上，加糯米酒一盅，约浸至面为度，即将瓦盅盖紧，以文火炖至烂熟，味清甜而香美。

鲜栗炖鸡——鲜栗炖鸡制法平常，大概多用姑鸡，取其嫩滑，但炖制须火力足而浓厚，故最好用阉鸡。因阉鸡肉丰实而膏厚，腴美而耐咀嚼。制法是先将鸡斩件，用猪油、盐花擦匀，下油锅炸至呈黄色取起（鸡膏毋下油锅炸），然后用绍酒一杯，连同鸡肉、鸡膏放锅内，加水约浸至鸡面为度，炖至七八分熟，再加剥壳鲜栗煮熟去衣，及冬菰等加入，再炖至烂熟，临上碗时再加些蚝油、豉油调味。栗肉切毋下锅太早，以免溶烂。也有不把鸡肉油炸，而以蒜子、葱头打茸放油锅爆香，将鸡肉炒透，再下酒水同炖，则另具一种风味。

凉瓜鸡片——凉瓜就是苦瓜。凉瓜鸡片必须用蒜子、豆豉或面豉酱配味，方能显其隽美；而鸡肉以两腿部分者最好，因其结实而爽滑，宜用武火炒食。制法是先将鸡腿肉去骨，横切薄片，用熟油、豆粉、生豉油擦匀；苦瓜则切薄片，用盐花挤去苦水，先行滚熟，去水挤干，再用打烂的蒜子下油锅爆香，把苦瓜炒过，再用武火将鸡片炒至八九分熟，随下苦瓜同会。将起镬时再加捣溶豆豉水（去渣）和些“芡头”滚匀上碟，味甚隽美爽口，加冬笋、冬菰同会更好。

鸡茸粟米——鸡胸肉所含滋养料甚丰，但因组织关系，用

火足则肉粗，不足则又嫌其韧，所以最好把这部分的肉作为鸡茸。鸡茸粟米的制法是取鸡胸肉去皮斩细如酱，用些豆粉、猪油拌匀，随加入上汤，调成稀薄糊状，再取鲜粟米（即玉蜀黍）或罐头粟，下油锅滚熟，即将炉火收至极慢，不可使汤滚起，或提锅离火，然后将鸡茸下锅兜匀上碗，再加些火腿茸，味极鲜甜可口。但烹时须注意火候，鸡肉务以九分熟为度，过熟则不滑，入口粗糙，食味不佳。

鸳鸯巧合——这一味是云腿拼鸡的别名，多用于结婚筵席。制法是先把净瘦火腿用姜汁、绍酒蒸熟，取起停冷，切成薄骨牌样。又肥姑鸡以滚汤浸热，取起停冷，起骨切片，将火腿一片拼合鸡肉一片，排开上碟，片数以每客二三片为宜，食时佐以芥末、浙醋，或再加炸松马铃薯片同食，则更见甘香爽口。

凤披锦围（即凤入罗帏）——凤披锦围是炸鸡的别法。用此法炸成之鸡香滑而不燥腻，比之普通炸法，风味不同，为名贵筵席中的佳馔。制法为取肥肉鸡起骨切片，将绍酒、顶好豉油、蜜糖再加些五香粉和匀，把鸡片放入，均腌渍至十分钟后取起，再以贡川纸，裁成小方块，用熟油浸湿，晾爽（半干）铺开，取鸡肉一块，伴以浸透挤干的冬菰两只放纸上包裹，即将纸口自行夹紧，勿使它散开，随将整包鸡菰放下油锅，炸至纸转黄色，取起用笊篱（即用铁丝织成网状之勺）隔干，把整包鸡肉上碟。另外每客备一小碟，以承包鸡，由客自行解开取食。

水晶滑鸡——取肥鸡起骨切片，用鸡蛋白和豆粉搅匀后，将鸡片放入调匀，用滚水一滚取起，再以冬菰、红枣、绍酒和水蒸熟上碗，食时再加些麻油、生豉油，甘香嫩滑之至，与放汤干蒸，韵味又自不同。

香菇煨鸡——煨鸡宜用姑鸡。将去毛肥姑鸡在背上切开，取

出肠脏，用绍酒涂于肚内，再用猪油擦匀鸡外全身。配料用腌头菜（正菜）一小扎，冬菰、红枣少量，加油约一茶杯，下锅慢火煨至仅熟，大约需时四十五分钟即可。也有把鸡切开尾部，取去肠脏，用盐花擦鸡肚里后，实以冬菰、肉丝、红枣、金针菜等，再以油涂全身，加油下锅煨焗。但此法多嫌金针菜夺鸡肉美味，不如用前法为佳。

脆皮油鸡——制脆皮油鸡，必须选用黄油肥姑鸡，因膏丰肉嫩才能显其软滑；炸时更须将鸡全身抹干，吊起晾爽，其皮愈干则愈脆。而火候宜用文火慢炸勤翻，至全身遍呈黄色取起，斩开上碟备食。食时宜趁热，停冷则风味便差。上席时以葱白、淮盐、橘汁蘸食，皮酥肉软，韵味极佳。

核桃鸡丁——核桃性滋补，配合鸡丁制成馔肴，更是相得益彰。先把核桃打开去壳，用滚水泡去肉衣，晾干后用油炸酥待用，再取肥鸡肉切粒，用熟油、豆粉、生豉油擦匀。配料用鲜草菰或冬菰、冬笋，都切成小粒，先下镬滚熟，随加入葱白粒、核

桃、鸡丁，盖上锅盖，俟有八分熟，即揭起锅盖，炒匀上碟。

蚝油鸡丝——蚝油以粤省中山县出产者最美，以之调佐鸡肉，风味奇佳。其法为先将鸡切成四件，下油锅煎透，随加水滚熟，取起拆肉。撕成丝状，然后把冬菰、冬笋滚熟，再加葱白、韭黄（即韭菜用瓦筒遮盖，不曝日光，色黄而鲜嫩者）、腿丝同会，临上碟时再加蚝油、麻油调些薄“宪头”炒匀。

八块香鸡——此味因将鸡斩成八件烹制而得名。上席时以大匙每客各分一块上小碗（家常由主妇分献，酒家由侍女代分），既均匀而卫生，又可表示敬意，时下对于燕窝、鱼翅及汤味多用此法。八块香鸡的制法是取肥姑鸡斩为八件，用盐花、豆粉少许擦匀，下油锅炸透取起，用冷水泡去油腻，再用绍酒半斤、顶好豉油一小杯盛于瓦钵中，隔水炖至烂熟，入口香滑味美。

（原载《家》1948年1月号第25期）

鸡茸银耳——银耳又名雪耳，它是一种滋阴润肺的补品。在粤菜名贵筵席中多具此鸡茸银耳一味，以享嘉宾。它的烹调法是先选洁白的银耳洗净，用清水浸透，随即用上汤炖至烂熟后，取鸡胸肉斩成肉糜，用些猪油、豆粉拌匀，再加些上汤调和使稍稀，于临上碗时，把鸡茸加入银耳，兜匀上碗，再加些火腿茸在面。但有一点须注意的，当鸡茸下锅时，必须把炉火收慢，切不可使汤滚开，否则肉粗不滑，吃来口腔、舌头都感不快。

咖喱椰鸡——咖喱原是南洋食品，为了适合各地人的口味，烹调方法须加变化。制咖喱椰鸡，必须用足肉阉鸡，因为它肉满而膏丰。先把鸡去毛洗净，挂起吊干，再取椰子二只，破壳取肉，用有牙沙盆磨烂，以纱布包裹，挤出原汁果浆，用碗盛着备用；然后再把椰肉渣用滚水半碗（或椰子内的水），加盐

花少许拌匀，再次榨出椰浆，这样反复榨浆四五次，约取浆四汤碗候用。配料用葱头（红头香葱）半斤，洋葱一个，辣椒和蒜头切碎。先把干镬烧红，咖喱粉下镬同爆，再把切件鸡肉放入炒匀后，将第二次椰浆四碗加入，炖至八九分烂时，再用另锅煲熟马铃薯仔，去皮，剖开为二件，加入再滚。临上碗时才加入第一次榨出的原汁椰浆，滚匀取食，味极甘香。它的烹调要点如下：（一）此味必须配用椰浆或果汁，才显甘美；（二）马铃薯必须俟鸡肉八九分熟时加入，才免溶烂，而失雅观；（三）首次榨出的原汁椰浆须俟上碗时方可加入，滚匀便吃，才不致把椰浆的香气甘味蒸散；（四）不过若是作为野餐或留备次日才吃的，则原汁椰浆须与二次浆汁一同下锅炖至极透，和不要预先把马铃薯加入（临食才加），这样可不致变味。

咖喱杏鸡——粤人最讲求食谱的是顺德县人，他们不但烹调得法，且多创作，如凤城（顺德大良的别名）野鸡卷、凤城炒

牛奶鸡等新奇可口的菜式，不胜枚举。这一味咖喱杏鸡，也是凤城风味的上品。在没有椰子的地方，用杏汁来配制，确是别具隽味。它的做法，也是取肉鸡去毛洗净，吊干切件，用绍酒捞匀。随把马铃薯煲熟去皮，放油镬炸透，取起备用。再把洋葱切开，用猪油炸至发黄色，也取起。再把香葱头、蒜子打烂，下油镬爆香，随加辣椒、咖喱同爆，便加猛炉火，下鸡肉同炒至透，再加盐和水，同炖至八九分熟时，以南杏仁一撮、北杏仁二粒，滚水泡去杏衣，在有牙沙盆中擂至极烂，加些水调和，置纱布中挤出杏汁，和牛乳一杯，连同炸黄马铃薯、洋葱一并入锅，用文火炖至烂熟。趁热取食，佐以芫茜、葱花，甘香扑鼻。

凤朝元首——这一味菜是专餍长者，以示孝敬颐养之意，并不是平常筵席所用的菜。元首是圆眼肉及何首乌两味国产熟药的简称，功能生血补身，用以炖鸡，确有滋补之效。若是宴请长者，餍以此菜，极为相宜。鸡的选用，以黑骨肉竹丝鸡最好，购时先看鸡舌，如果舌黑，它的骨肉也一定是黑的。圆眼肉则以广西产品最佳；何首乌则以广东德庆产者为地道之品。先将鸡去毛洗净抹干，成只盛于瓦盅，随把圆眼肉、何首乌放面上，再加入糯米酒，以浸过面为度，盖好，隔水文火炖至烂熟，它的汤红润香甜而浓厚，极为适口滋养。

白发齐眉——这是冬虫草炖竹丝鸡的别名，多用于结婚筵席。烹法，先择十全竹丝鸡去毛洗净抹干，用些盐花擦遍鸡身，放瓦盅中，便下冬虫草在面，再加糯米酒浸至面为度，盖好下锅，隔水文火炖烂，味极清鲜，食之滋补。

草菇鸡腰——粤人有专营阉鸡业的，鸡腰全为阉者所收集，因此购买也不甚难。鸡腰之味鲜而爽，配以草菰，更是清甜之至；如用鲜草菰，则较为爽口，用干草菰则见甘香，也有鲜陈并

用，则味更好。配料用笋丁、火腿丁、草菰等，先以上汤同会至熟，随把鸡腰用水洗净，用小竹签剔卷腰面红筋，再用滚开水泡透，把大粒者剖分为二，随即下锅，与配料同会上碗。但鸡腰必须待汤沸起才下锅，而下鸡腰后，就要离火，盖好焗热，才不致过火皮厚，食味不佳。

玉胶明珠——即醉公鸡腰的另名。烹法，先将鸡腰如前法洗净去筋，用滚开水泡熟后，以顶好豉油、麻油、绍酒、葱花、辣椒粉等和匀，将鸡腰放入腌浸数分钟后，吃来另有一种风味。

凤肝龙卷——鸡颈寻常多不取作馔肴，其实若是配制得宜，也自有它的美妙处。制法为将鸡颈斩分成节，用盐花、熟油搽匀，再把火腿丝、鸡肝、冬菰嵌入鸡颈皮内，盛于碟中，用碗盖密，放饭面或隔水蒸熟，以之下酒，妙不可言。

卤水肫肝——鸡的内脏如果配制得宜，也极可口，鸡肝味甘，鸡心味香，鸡肾味爽，鸡肠味浓，各有各的风趣，佐酒细嚼，韵味无穷。粤席小碟多备有卤水肫肝一味，它的烹法是先取鸡脏（或鹅脏、鸭脏也可）洗净，以刀剖开鸡肠，刮去内部胶滋，用盐花搽透，再以水洗净，同八角、茴香数粒和盐花，放入清水滚熟，去汤隔干后，再用珠酱油、绍酒加白糖少许，同肝肾等一齐下锅，数滚后取起，切片上碟。食时把原汁和些麻油及蚝油淋面上调味，则更添甘香。

（原载《家》1948年2月号第26期）

酥炸肫肝——酒客对于下酒物，多酷爱香浓，因此有的把肫肝用油泡，以投其所好。制法是先将鸡肝肾脏洗净切片，用姜汁、绍酒、生豉油调匀，下油锅爆炸，至色变时取起，再用打松鸡蛋和面粉调糊，把肾肝放入糊内调匀后，逐件取起，放入油锅

内炸至发黄上碟，以五香淮盐或橘汁蘸食。

上汤肾球——上汤肾球，清甜爽口，是夏季的好菜。此味配制，最重上汤，如果汤味不佳，便一无可取，此点必须注意。先取鸡肾（鸭肾亦可）洗净，取起内衣，用刀在面轻切，纵横成花纹状，随切开，分为两件或四件，然后下上汤滚热。食时加些葱白，或加菜薳数节，一滚上碗，再加些麻油调味。

榄仁肾丁——榄仁肾丁一味甘香爽口，最宜下酒，粤人多用于围碟（小碟）。单用鸡肾固然爽口，但不如加以鸡肝配合，更见甘香。先取榄仁（乌油榄核之仁）用滚水泡去仁衣，隔干水后，下油镬炸松，肝肾则用姜汁、绍酒、顶好豉油腌过，取起，下油镬炒熟，即加些葱白与榄仁下镬同会，上碟再滴麻油数滴。有一点要加以注意，即鸡肾必须切去近内衣处的硬块，才不致有糙硬之弊，而减其风趣。

糯米酥鸡——选肥姑鸡去毛切开鸡背，起清内骨，不要头脚，并将鸡身厚肉部分片得薄些，即将片出之肉与鸡肝肾等都切成小粒，用些猪油调匀，再将配料冬菇、火腿、猪肉切粒，虾尾用油爆香，随把糯米煲饭，饭滚时，即将鸡肝肾及配料放入饭内搅匀，焗熟后便把饭放入鸡肚内包裹，用轻力压成扁平状，将原只馕鸡隔水蒸熟，取起，用滴珠豉油擦匀周身，再放油镬内炸过，原只上碟，用快刀割开皮面，趁热上席，皮酥而甘香，也可用作点心品用。

凤碎琼浆——凤碎琼浆即酒糟香鸡的别名，以甘香嫩滑胜长，尤适用于夏季菜式。制法是先将肥嫩姑鸡去毛起骨，隔水蒸至仅熟，取起俟冷，切成薄片，用糯米香糟腌约两个小时后，加些姜汁、生豉油、熟油及麻油数滴调和拌匀上碟。在临食时再加炸松粉条、芫荽、葱花同食也好。

鸡茸银耳

八珍露鸡——取肥姑鸡去毛，以刀开鸡背，起去鸡骨，原只用盐擦匀里外，然后将鸡放瓦钵内，鸡皮面向下，随将配料放鸡肚内包藏，加绍酒一盅或糯米酒半斤，用文火炖至烂熟。配料用洋薏米、莲子、百合、栗子，先用热水浸透洗净，莲子去心去衣，再加切成小粒的冬菇、火腿、鸡肾、鸡肝拌匀同炖。上碗时，先将原汤滤出，即以碗盖在瓦钵上反转，则鸡皮在上，配料在下，然后再将原汤入碗，较为美观。

鸣凤紫竹——即甜竹炖鸡的别名，滋味浓厚，养料丰富，为家常适口益体的美馔。制法先以肥腌鸡切件，用盐花、猪油擦匀，再以甜腐竹用冷水浸透，洗净切件，随将鸡肉以烧红油镬爆香蒜茸炒透，再加些顶好豉油、姜汁、绍酒兜匀，即将冬菇数只连同甜腐竹与鸡下锅，加些汤同炖至烂熟，上碗时再加麻油拌食，若是肥鸡膏厚，腐竹不妨多些。

（原载《家》1948年12月号第27期）

按： 粤人以鸡为尚，无鸡无以安客；鲍参翅肚未必家家能备，鸡总是可以的，所以鸡馔食谱特别多，吴慧贞此处就列了37款，真是洋洋大观。《美味求真》所载食谱，也以鸡馔为开篇，为大端，计有12款之多，虽甚简略，也足资比较。[①]

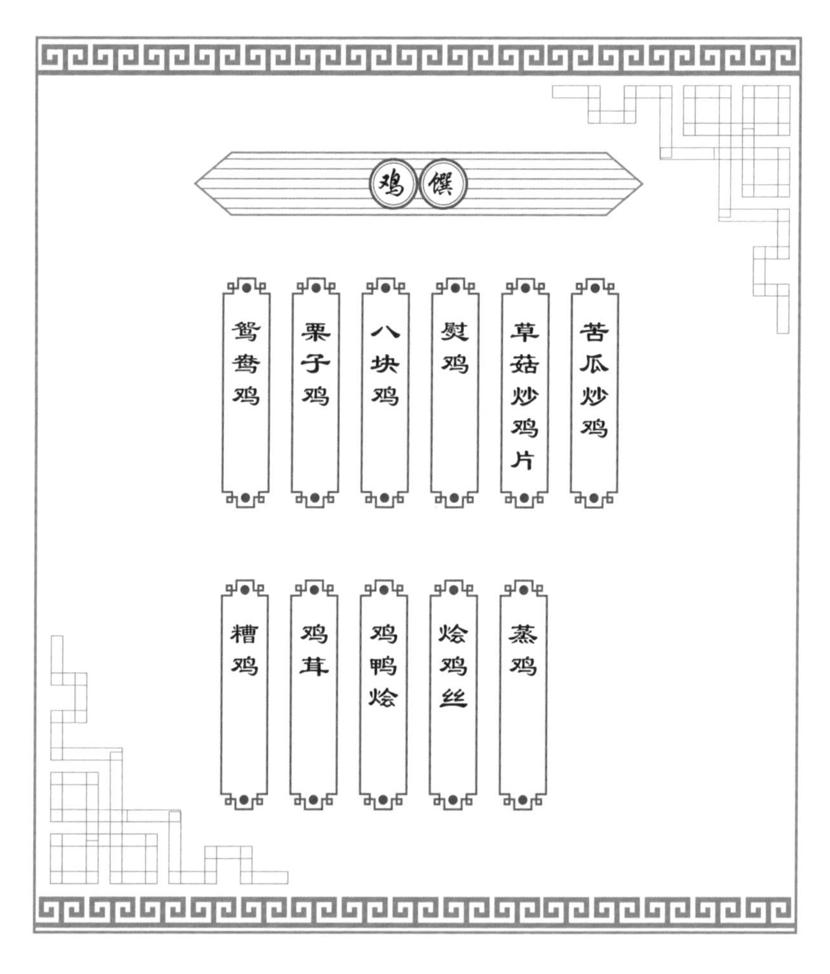

①出处为致美斋酱园整理，广东科技出版社2014年版，第1—4页。此处提到12款鸡馔，原稿只收录11款。

鸳鸯鸡——先将鸡滚熟取起摊冻，起骨切片，又将出净水之火腿切去肥的不用，随以姜汁酒蒸过取起，摊冻切片如牌样，以一片鸡兼一片火腿上碟，多（疑为少之误）者十六件，少（疑为多之误）则十八九件乃为合适，食时用芥末、浙醋佐之。

栗子鸡——用肥鸡斩件，用盐花、朱油揸匀，下油锅炸至金黄色取起，用绍酒一杯、水一碗，约浸至鸡面滚至七八分，后下栗子、香信，滚至煁，起碗时加些白油，味香而滑。（朱油：制造蔗糖的衍生物，焦糖色的一种，现多称珠油。白油即生抽，珠三角以前相对于浓深色的朱油的叫法。）

八块鸡——肥鸡行斩八块，用盐花、豆粉少许揸匀，下油锅炸透，清冷水泡去油，用绍酒半斤、白油一小杯，用瓦钵载住隔水炖至极煁为度可食，美滑。（鸡行：粤语鸡行为鸡项之同音。粤人习惯称未生蛋的小母鸡为鸡项）

熨鸡——用肥鸡行劏净，在背开取肠脏，用烧酒搽匀里边后，用朱油搽匀周身，正菜一小（勺）子、香信几片、红枣几个，一齐加酒一茶杯，滚至紧熟便可取起，切不可用金菜，恐夺其鲜味故也。

草菇炒鸡片——肥鸡起骨片至薄片，用熟油、豆粉、白油揸匀，用草菇、冬笋先在锅滚熟后，加葱头、鸡肉铺在小菜上一盖，俟其有八分熟揭起盖即炒匀，如味淡加些白油、熟油和匀，即上碟即食，味爽而滑。

苦瓜炒鸡——弄法如草菇炒鸡便合，但用苦瓜以西园种为妙，切薄片，先将（用）盐揸匀去苦水，先滚熟后下鸡片，用些冬笋、香信兼之亦可，起锅时加些豆豉水（不要渣），和芡头拌匀上碟，味鲜野可嘉。

（西园种：福建省漳平市西园村的苦瓜品种，特点是脆无

渣、味苦甘，身上疙瘩明显，即雷公凿，为苦瓜的上品。）

糟鸡——用鸡去骨蒸至紧热，取起候冷切薄片，用糯米（糟）一时辰久后，加些姜汁、白油、麻油、少许熟油拌匀，上碟加些香头。

鸡茸——用鸡胸肉起皮琢极细如酱，用些豆粉、猪油拌匀，用上汤和搅稍稀，先下汤在锅收慢火，不使其汤滚起，然后下鸡茸即兜至匀，然后下菜或鱼翅等件拌匀即上碗，或加在菜面亦可。大凡鸡茸以九分熟为度，若滚至十分则老而不滑，且生布[①]矣，此物全靠火色恰可为佳。

鸡鸭烩——用肥鸡、鸭各一只，原只连骨用盐擦里便[②]外便，用瓦钵载住加绍酒半斤，无绍酒则用料酒一大杯，隔水炖至极烂为度，味香滑而厚。

烩鸡丝——将鸡斩开四件，用油煎过下水炖至烂，取起折丝，用冬笋、香信、葱白、肉丝同会，加芡头兜匀上碟，再加些少麻油亦可味和美。

蒸鸡——肥鸡斩件，用熟油、白油、盐花、豆粉揸匀，用正菜、红枣、香信和匀在碟上，用碗盖住在饭面上蒸，饭熟其鸡便熟，味鲜滑。

再按： 吴慧贞在本期的按语说开始转写“山珍”，但只写了这一期就没有下文了，也并没有宣布结束，不知何故，万分遗憾，堪称吾粤饮食文化的重大损失。

① 指老了，硬了。

② “便”通“边”，粤语里即里面、外面的意思。

粤菜上汤

老残

中国人对汤也颇重视，汤的吃法事（是）很广，这里也不必再说，且说粤菜中有一味上汤，鲜美著名，粤菜酒家中始有此汤，然价值颇巨，其实这个汤自己亦能烹制，读者如有兴致不妨一试。

其做法是大致用老鸡、精肉、排骨、火腿骨、鸡骨等共同熬炼煮沸成汤，沸后取一纱布铺于大碗上倒汤于碗，便滤去渣滓，而使汤澄清，然后再重新煮沸，此时可取鸡蛋一二枚，打碎取去蛋黄，将蛋白搅匀和于汤中，如是将汤中所有之余残渣滓完全被蛋白吸收，则汤澄清毫无混浊，此汤看来似清汤一碗，吃后方知其味远胜鸡汤之类也。

（老残《吃经》之一，选自《东南风》1947年第42期）

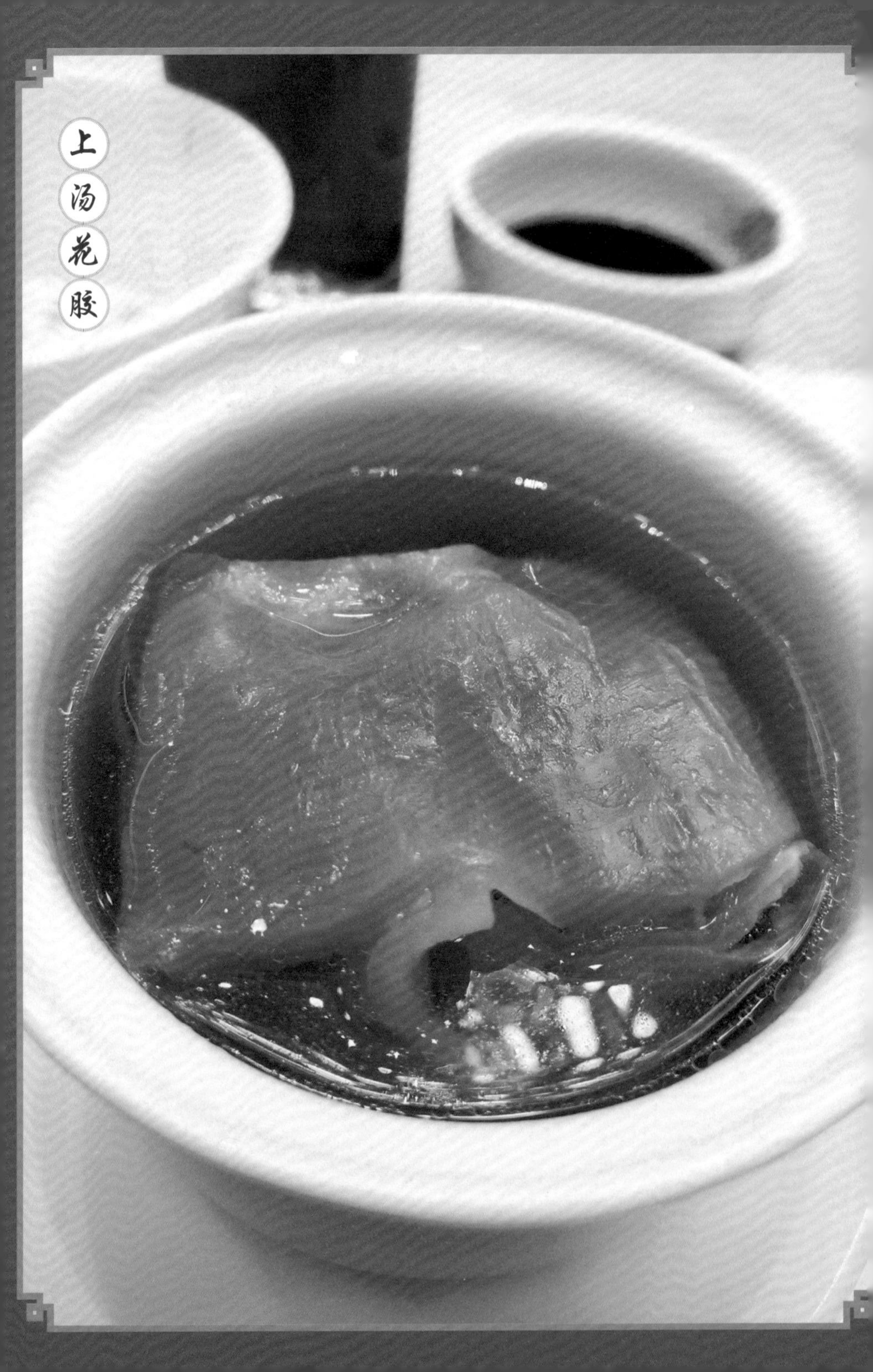
上汤花胶

岭南庖厨八珍

忍庐

岭南粤菜，驰誉全国，近年来上海人喜欢吃广东馆子的菜，风尚所趋，历几年而勿衰，这似乎不是偶然的事了！

粤菜自有它特优的地方，如富丽、名贵、丰腴、鲜美，绝不是别种馆子里的菜，所能企及。因为嗜好粤菜的人太多了，这里我们来贡献八味珍肴，给诸位读者自己去尝试尝试，自己弄得好，自然最妙；万一弄得不得法时，那末，不妨到冠生园等著名一些的粤菜馆中去，照这几味菜，点来一试，究竟风味怎样？便可以知道不是作者介绍辞的夸张。

云腿鸽片

原料： 火腿、乳鸽

制法： 火腿烧过后，切成片。鸽片另起油镬，生炒，然后放入火腿片，用猪油合炒即成。这味的制法，很简便易办。

凤隐银窝

原料： 椰子、鸡肉、白果、口蘑、鲜奶

制法： 先把鸡肉制成鸡球，另备鸡汁一碗。用椰子一只，剖开其顶，里面放入鸡球、白果、口蘑、鲜奶，和了鸡汁，合炖，须用文火。

太史田鸡

原料： 田鸡、冬瓜、毛笋、火腿

制法： 单取田鸡的腿，把冬瓜切块，毛笋切片，火腿也开成小片子，一同放在原盅里面，用桑皮纸糊好盅口，炖熟，开盅即吃，鲜甜香美，隽妙可口极啦。

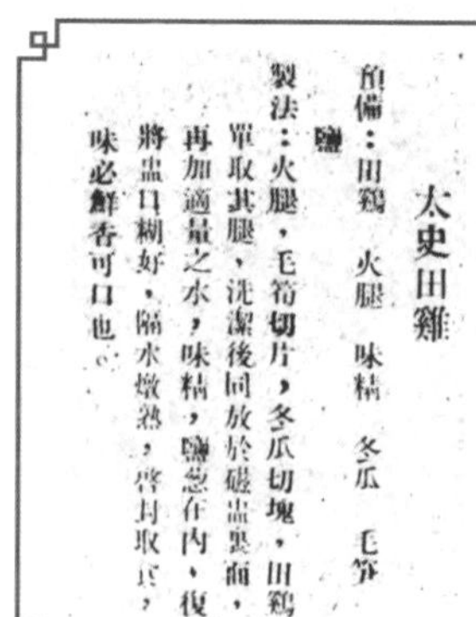

太史田雞

預備：田鷄 火腿 味精 冬瓜 毛笋 鹽

製法：火腿，毛筍切片，冬瓜切塊，田鷄單取其腿，洗潔後同放於磁盅裏面，再加適量之水，味精，鹽葱在內，復將盅口糊好，隔水燉熟，啓封取食，味必鮮香可口也。

蟹烧芥兰

原料：芥兰、蟹、鸡汤

制法：芥兰，是广东新会的特殊名产，却是一样俊物。我们先来把蟹蒸熟了，拆好蟹肉，再用猪油，把芥兰置镬中一爆，就将蟹肉和入一起炒，加入上好的鸡汤就成了。

雀肉鹿麋

原料：鸽肉、豆腐

制法：豆腐以粟米粉、鸡蛋、上汤制成。把鸽肉炒成鸽松，用猪油炸好，豆腐铺在鸽松的四围，盛入器中，一味佳肴，便可成功。这味说说似乎简单，但烹制起来，必须谨慎从事，务须滋味和美观，都要顾到。

蚝油扒鲜菇

原料：鲜草菇、蚝油

制法：鲜草菇，择其肥美者，用热水浸泡，撩起，加蚝油汁，干烧。你想，鲜草菇是何等鲜美爽口的妙品，蚝油又是极鲜透的东西，一同烹调，好不好，还待我来说么？

八宝冬瓜盅

原料： 广东冬瓜、烧鸭、白鸭、鲜莲子、鲜草菇、火腿、鸡汤

制法： 广东冬瓜半个，取去了里面的瓤和子，把烧鸭、白鸭、火腿，都切成丁粒，连同鲜莲子、鲜草菇、北菇，统统放入冬瓜里面，再加鸡汤少许，封口，文火缓缓炖熟，味美绝伦，名贵无比。

生葱肉蟹

原料： 蟹、生油、姜、葱

制法： 切生蟹成数段，把生油烧上去，撒上作料和葱、姜，隔水蒸熟。这种吃法，除掉岭南人，江南朋友和北方朋友，怕一辈子没有尝过吧？好在手续并不麻烦，请试一试看，滋味怎样？这确是风味别具，下酒的好东西呢。

（选自《食品界》1933年第5期）

煎百花鸡——将鸡除毛洗净后，取其鸡皮，用虾蟹肉、鸡肉，切成屑，裹鸡皮内，再加火腿茸及香菜，使其色调美观，然后隔水蒸熟，取出，上下加生粉，文火油煎，即成，味美是不用说，就是菜的外观，也俊美可喜。

家乡大鸭——把大鸭子，洗剔干净以后，把裹面的捞什子都挖去，在背下切开，用花生油略炸几分钟，取出，火腿五两、烧肉四两、咸大头菜少许，放在一起，炖至烂熟。

美味焗水鱼——焗的意思，便是红烧，先把水鱼杀死，剖开切块，将镬子烧红，入油少许，及好酒、生姜、葱，把水鱼干炒三分钟，再加冷水，然后盖上镬盖，烧熟，取出，上生粉，用油炸几分钟，再取起，用蚝油、酱油、胡椒粉、大蒜，及清水少许一同红烧，盖镬烧半小时，便可取食，极肥腴而不腥膻，此法见长之处即在是。

烧醉酒汾肉——拣白标肉、精肉，切成小方块，用好酒、香料粉腌约半小时，把小铁杆一根，将白标肉、精肉夹杂穿上，穿成一串，明火烤熟。食时，和白馒首同吃，蘸甜酱少许，甘香可口之至。

玉簪田鸡——田鸡去皮，仅选其两腿，并去其腿骨，和冬笋

丝、火腿丝，上生粉少许，略过油镬，再加冬笋、菜蔍同炒。

果汁铁扒桂鱼——这是参酌西菜的制法，也可以说是一样改良的粤菜，制法是将桂鱼兜背切开，上、下加面粉，用极沸的油炸至熟，取起，把茄汁、辣酱油、生粉、上汤、花生油合烧三五分钟，便成功了，就将此汁烧在桂花鱼上面，趁热供膳，酥美绝伦。

记者按，谭君经营粤菜事业多年，思想灵敏，常有新鲜的烹调方法发明，兹篇所举六种粤菜，均其心得之谈，承摘叙大略制法见示，亟为整理记载本刊，以告爱吃粤菜的一般读者。

（选自《食品界》，1934年第8期）

武汉冠生园的烤乳猪

湖北佬

本地馆子，价格方面，总算得便宜了，但是正式宴会，高级请客，反向广东馆子里跑。规模最大的粤菜馆，连冠生园饮食部共有两家，又似乎在一般人的印象里，冠生园居最高等。以前国际调查团莅汉……吃是最大问题，中菜呀？西菜呀？讨论了许多，后来果决定请冠生园办理了，虽然他们不能容纳这许多人，宁可席设对面西菜馆里，酒菜则由冠生园承办。平时无论主席请客啦，委员设宴啦，市长请酒啦，冠生园好像是指定的食堂。就是银行家教育界等，也必须在冠生园宴客，不然的话，似乎不足以示恭敬。

他们有何名菜乎？曰：有，多得很啦，脆皮乳猪就是他们顶刮刮、独得秘密的名菜，每天平均要卖掉二三十只，假如要买一二元的话，须得预先定好，等到零售凑满全猪之价，刀斧手才三一三十一地分配各人呢。为什么乳猪能誉满武汉？且请客者必用之而后快呢？其中就有大道理，据说为了脆皮乳猪，他们聘请一人专理，薪金着实比我们高上几倍。唯经过此公之手，猪皮脆嫩异常，而别家出品，未免有些硬邦邦。柱侯乳鸽也是他们独家制造、并未传出的一菜，且主客的重视程度，亦不在乳猪之下。

讲到他们的管理，颇值得我们赞美，招待功夫，真说得上谦

恭和顺，客家大有“宾至如归”之感。江汉路上，高楼一座，屋分四层，最高层为烹调间，无烟灰袭人之弊；其次为冰间，大暑天气，在此居高饮冰，回想当时凉风习习，腹中阴冰冰，真是一件快事。

（选自《食品界》1934年第9期，原题《江汉路上的冠生园》）

按： 烤乳猪，是粤菜中最有代表性的一种出品。改革开放初期，内地人南下广东，广东人奉上烤乳猪，他还不敢吃，或者吃得不好意思——猪都没长大，吃起来总觉得过意不去，太辜负了广东人的一片心意。自古以来，乳猪都是粤人的无上妙品，是可以祭享先祖神明的；岭南祭祖，祭品随时而变，五花八门，变化纷呈，但唯一不变，且风头日健的，乃烤乳猪，清明祭祖专用的整只的烤乳猪，称为祭祖金猪（猪皮烤得金黄金黄的）。这祭祖金猪，制作相当讲究，多由大酒楼、名饭店精心烹制，而且比平时要贵不少——大家可以猜到了，之所以这样讲究，是祭完祖后，献祭者要好好享用它；烤得好的乳猪，即使凉了吃，也还是脆脆的、酥酥的、香香的。

比较言之，粤菜有花样新颖、与口味个别之特点，“食在广州”，其根据即在此。记者服务广东菜馆，屈指已数易寒暑，兹应本刊编者之约，爰将几年来认为口味佳妙，而又家庭便于仿制者，介绍于后，且煎炒炖烩烤扒之粤菜六法，亦略尽于此矣。

煎——丽浦芋锅贴虾

丽浦芋面积，较大于普通之芋，味亦胜之，芋锅贴虾，味尤鲜香，诚为有名粤菜之一。制法可将芋蒸熟，然后切成就长方块，须面积相等，再以新鲜虾肉、蟹肉、火腿蓉（即成屑之火腿），以及适量之盐，平均铺在芋之横断面，用另一芋片，覆盖其上，与虾仁土司制法略同，最后用文火煎之，滋味鲜香，爽口非常，下酒过饭，皆称妙品。

按：“浦丽”当即“荔浦”，广西荔浦县的芋头是驰名中外的历史名产，至今仍大受追捧。

炖——玉液鸳鸯

鸳鸯即嫩童水鸭两只，宰后去其腹中什件，置炖器中，旁加

适当之章鱼、桂园肉、火腿片，隔水炖之，一小时可熟。香甜可口，滋阴补肾，初冬之无上补品。

炖——西洋菜炖鲜陈肾

粤东炖品，为各地冠。此菜质料名贵，制作甚易。但取新鲜鸭肾一对、腊鸭两只、火腿一两，加以适当之调味品，用文火隔水炖之（普通烧法亦可，唯菜色易黑，有碍美观）。待火候已到，再加西洋菜。盖西洋菜忌用冷水烧制，否则滋味易苦，开水炖制，味则清甜，主妇却不可不加以注意。此菜功能补肺，及祛除煤气，本季节中之有益食品。

烩——菊花拆烩鱼头

李公什烩汤，国际闻名，可见广东烩菜不同凡响也。

制法：（一）将大鱼头蒸熟，尽去其骨。（二）用鸡丝、猪骨髓、广肚丝、火腿丝、冬菇丝等和以上汤（即鲜汤），混合烧熟，盛入盆时，加菊花少许，则味既清香，色亦调匀，颇能引起食欲。唯冬菇为日本产，可代以北菇，味亦相等。烩菜所以受人欢迎，盖混合各味于一处，且以上汤作基础，宜其滋味鲜灵，为人称道也。

烤——果子糯米鸡

此菜清香酥脆，尝试过者，大有红锡包香烟之广告画，盛先生持烟剔牙，兴味浓厚，“你爱吃，我也爱吃”，老幼咸宜之概焉。制法先以嫩鸡一只，除毛去骨，再将鲜栗子、火腿粒（俗称“丁”，如鸡丁、肉丁）、北菇粒、白果、糯米，以及适当之油盐，然后将上述材料，互相拌和，塞入鸡腹。隔水炖熟后，再取鸡出，敷以面粉，投入油锅炸之，待其皮酥脆，即可切块取食，如蘸以甜酱，味亦鲜美。

扒——绿衣仙子

“绿衣”即菜薳，菜心之顶端。“仙子”乃公鸡之卵子（鸡鸭店有售），此菜以清嫩肥鲜见长，制法先用清开水，泡熟鸡子、菜薳、鲜草菇三物，然后用蚝油番烧，火宜稍急，时不可久，过老则失味矣。

（选自《食品界》1934年第7期）

山瑞[1]：冬令大补名肴

焉之

粤人冬令佳肴，大都非常名贵，而且滋补，像那果子狸、三蛇、龙凤会、龙虎会、山瑞……[2]在上海的广东菜馆门前，这些应时名肴，这时候都用大字标出在大广告牌上或玻璃橱窗上了。

似乎这些食品，都带着温热性，所以宜于冬令进食，但最近广东方面中委邓泽如先生之死，据说便是平日太喜欢吃蛇和猴子肉的缘故，太炽热过分，就有了害处，本来一个人有了特殊嗜好，嗜好超越常态，都是有害的，不能便说是蛇和猴子肉害了邓先生。

可是，在各种冬令大补名肴当中，最妥善而少流弊，有益无害的，还是吃山瑞，最为实惠——并不是我特殊爱吃它，我对于果子狸、三蛇等也都爱吃，本文特推举山瑞，实实在在是公道的论述。

山瑞，肉肥腴，性滋阴，裙边尤美腻鲜腴绝伦。江浙地方喜欢吃鳖的人也很多，我却不喜欢吃，非但不喜欢，而且闻见鳖的

①民国时粤菜的名贵品种之一，主要生活在山林溪涧中，现在已很少见了。
②民国时期的名菜。现不可食用，请爱护野生动物。

味儿便会作呕，但吃山瑞却一器不足，更能尽一器，实在山瑞和鳖相比较，虽然形态上大小具体相似，实似是而非，味儿竟大不相同，山瑞一点儿腥膻之气都没有，肉质也厚，就把形态来说，看了山瑞，再瞧瞧鳖，也不啻小巫见大巫了。

山瑞以清炖为佳，得清腴之妙；红烧微嫌浓腻，可是胃口好的人，无论清烧红烧，都没有觉得不佳的。

这样肴馔，菜馆定价可不便宜，不是平民化的菜肴，所以，有大多数的人，会望门兴叹了，这在对大众立场而言，未免是一桩美中不足的事，不过这东西活的来价也很贵，大的须七八元一只，这就不能责难菜馆了。

有要好的广东朋友，你到他们家里去吃饭，碰巧，他们或许会弄一碗很好的山瑞请你吃。有一次我因事未赴一个潮州友人的宴叙，过后据说那天每人有一碗鱼翅，自己用的潮州名厨烹制的，真不容易吃到。

到广东人家去吃饭，如果有特备的菜，总是教你满意得大快朵颐，实在，广东菜是值得称道的，山瑞不过是其一例罢了。

（选自《食品界》1934年第12期）

广州宵夜食谱

使者

宵夜馆分中菜、西菜两种，中菜和广州菜相同，只是规模小一些罢了。这类馆子，都注重夜市，白天的生意很少，三马路春宴楼、大新楼、杏华楼、四马路燕华楼、二马路广雅楼、南京路长春楼、四马路醉华楼，是其中最著名的，售价也很便宜，用小洋的居多数，洋葱牛肉丝、虾仁蛋、叉烧蛋、糖醋排骨等几样，为其拿手好戏。到冬天还有一种鱼生（又名菊花锅），有鸡片、肫片、鱼片、虾、蛋、菠菜等种种，都是生的，由顾客自己煮熟，价格在一二元，偶然尝试，倒觉别有风味，而且人多了是最合算。还有一种宵夜，从前只售三角，现在大都增至五角，每客有一冷盆，有一热炒，一清汤，并连饭，冷盆有烧鸭、叉烧、鸭叉烧、香肠等，热炒有牛肉丝、虾仁蛋、肉丝等，汤内放着鱼片、肫肝、白菜等，在规定各菜之中，由顾客任点一样，这种最适合一二人，多了就没意思。此外还有牛肉丝饭、咖喱鸡饭、清炖鸡饭、鱼生粥等，通常一人去吃它一样，已觉很饱，而所费的代价，只二三毫小洋，鱼生粥一味，还只一角多钱，再合算也没有了。

上面说的是广州菜的宵夜馆，与正式宵夜馆尚有不同之点，假使你到正式宵夜馆去吃，有几种还要比广州菜来得合算。倘你

糖醋排骨

一个人去独酌，更是合宜，因为正式宵夜馆中有许多零星点心，一个人独吃一客，已能果腹，而代价却至多三角；假使要吃饭的，可点上一客蛋炒饭、咖喱鸡饭、鸭饭、什锦饭，或是荷叶包饭，每客自二角至三角；假使你喜欢吃粥的，就可点上一客鸭粥、鸡粥、鱼生粥、叉烧粥，或是什锦粥，每客也在二角左右，其中尤以鱼生粥最上算，里面有鱼片，有叉烧，有肉片，又有一个铺鸡蛋，有几家只售一角二分小洋。但再经济一些，假使你欲尝试宵夜的西菜，单独叫一客，也是常事，不好算是塌台，其中除了各式炒饭，最能果腹以外，还有一样炸猪排，也极便宜，只非一角半小洋，竟有两块大猪排，所以单去吃炸猪排的人，十占三四，读者不妨也去试一下呀！

一个人上饭馆，点上一只炒，一只汤，起码七八角钱，而且这种吃法，要算最节省的了，所以作者的管见，一个人上馆，最好上广东宵夜馆去，吃一客西式炒饭，或是粥，切不可到饭馆上去，纵然那馆子售价低廉，总不及宵夜馆来得实惠，倘若你不嫌下贱，不爱漂亮，处处以节省为目的，那倒也有一种吃法，便是到正丰街鸿福楼菜馆，或是其他苏帮本帮馆子里面……

（选自《人生旬刊》1935年第1卷第7期，原题《上海的吃》（五）《“宵夜馆”》）

东粤食谱

玉君

粤东地处海滨，其民生起居，胥异中土，即一盘之蔬，一盂之羹，都有令人不可思议者。故人李君，新自粤东某局来，为余述如下，爰录之以告我同人之饕餮者。

粤东地热土湿，蛇虫滋生，是以粤民喜啖蛇，较之中土之人见蛇即惊者，不可同日语矣。食者即市购蛇，剥其皮，腹有胆二，一毒一味美，毒者不可食，味美者食之，可明目也。煮蛇法，以刀斩蛇成段，和鸡肉煮，半日即熟，其汤最鲜。

人知蛙味之美，而不知蛙腹中之二肝，其美更有甚于蛙者。粤人每于药铺中购得干蛙数只，剖其腹得二肝，肝干且黑，切成骰子大小，浸水中，越一小时，便涨大如栗子，色白如玉，和肉加糖煮之，味胜鸡胃。

粤人食鱼虾，法异他方，每生吃之。李君尝与人浴于海滩，捕得活虾，即去其首而吞之，谓颇甘嫩。鱼则都生切成片，渍甜酱，且渍且食，不觉腥臭。

粤人食雀之法，颇与内地乞丐食鸡之法相同。每食雀，不去毛，不破腹，但以湿泥涂之，使难挣脱，投诸火中约半旬钟，取出掷地上，毛随泥落，盛诸盘中，加料食之，味颇香美。

我未闻食蝉者，顾粤人食之，得味外味。法以蝉置火上烘

之，蝉死即食，香脆异常。或将蝉数十个，以黄豆塞其腹中，加糖酱烹之，须臾腹便膨胀，味亦佳。

粤人亦喜食蜂子，每于巢中捕得未成蜂之幼虫，即生吃之，味极甜。

（选自电报学术研究会《电友》1925年第4期）

粤菜制法公开：柱候、卤味掌故

亚孙

广州省垣[1]之西北，有个繁华的小市镇名叫佛山，镇内有条祖庙大街，有间三品楼酒家馆，据说自清道光年间，悬挂在店外的招牌，因年代久远，被虫蛀了一半，只剩得“三口木”三个字，故人皆以“三口木”呼之。原名三品楼，反因而不彰。初时，以白蒸猪头肉著名，此菜是一个聋耳厨子，很神秘地调味而成的。假使调了别人烹制，总不及聋子所制的为佳妙，食客都称之为“聋子肉”。闻名了数十年，聋子已经七十岁了，他的秘法依然不肯传人。店主人罗柱侯是很迷信的人，每晨都到祖庙拈香许愿，求神保佑聋子多活几年。时适某僧投以另一秘方，罗初置之。几年后，聋子死了，罗即出僧方，照方子把白蒸猪头肉放入浸煮，预备应客。食客知聋子死了，大家不约而同来一试聋子死后的风味怎样？从盘送上，白蒸变了黄焖，香滑可口，另有一种味道。食客大加赞美，“卤猪头肉”的声誉，遂盖没了“聋子肉”而名传遐迩了。

---

①即广州省城。

牛腩煲

不数年罗死了，后人敬重他，就以他“柱侯”名字为卤肉汁的称呼，作为纪念。现在佛山三品楼的卤缸，是出名古董之一。数十年来（未）曾用水洗过，每五十日加作料一次，滋味日好一日，驻粤的英领事不信，亲自到三品楼参观，称为神品，欲拍照留纪念，为店主人所阻，谓宝气会被摄去的。

卤汁的制法，原来也很简便，读者不妨嘱家人照样尝试。但是滋味的好劣，全凭封藏日久与否？总之愈久愈好，固封得密，使不透气，就不会变味发酵。材料系用花椒、八角、桂皮、谷芽、胡椒、草果，六种药煮汁去渣，加入豆酱多少，与汁和混重煮，凉透后入瓦缸固封，便算卤汁的成功了。欲制卤味，则将肉食先用水煮至沸，然后取出用冷水浸透，再煮再浸，这样弄过数次，直至把肉的肥腻消尽为止，加入卤汁浸煮，以汁味透入为度，“柱侯卤味”即告成功了。

（选自《新华》1939年8月26日2版）

腊肠的制造：购猪后腿上的肉（因为那部分的肉，上面没有什么筋，普通肥六斤），切成小粒，凡肉十斤，须用食盐（最好是四川的大粒盐）三四两——肥肉中宜多加，因其吸收盐分的能力，较精肉较迟——上好酱油五两，糖一小匙，陈皮末少许，配合和匀后，用喇叭管将肉灌入剖好的猪肠中，然后用针向肠的四周乱刺几下，使里面的空气尽由小孔排出，于是每一尺长左右的麻绳，在中间绑着，以便于日下晒干，使它十分的干燥，再存入罐中，加盖闷着，让那灌有肉的肠中所发生的香气，不使散去。

如此，一两星期后，蒸熟供食，不但味美，且芬香扑鼻。

（选自《铁报》1937年3月5日4版）

广东腊肠

东江特产：东莞腊肠

何蕙

在南方，广东的东莞腊肠是颇有名的，尤以离东莞城约五十里的“厚街”乡于最著名，就惠州“食家”百论，亦均采购于该乡，美味芬香，确有特色。战前每斤约一元二角，较各处出口贵二角余，因其材料真实，故购者也不吝。

考其制法很讲究：先以猪肉分肥、瘦两种，把肉筋及骨头都除去，然后切为立体正方形小粒，肥的用“硝”拌过（这样肥肉便能透明而爽脆），将肥、瘦肉混和为一起，加以适量的盐、上等的豉油及汾酒搅匀，入于最薄的肠衣内，用水草分节（每节一寸半至二寸长）缚紧，晒于曝光中三数天，后用麻绳拴上，挂在空气流通的地方吹透，待它发出那芬芳的气味时才出售，若未达到好吃时期，绝不轻易出售。

关于吃腊肠的方法顺便谈谈：一般普通的人们蒸腊肠，必待至饭差不多熟了，方将腊肠放进锅子里，甚至用碟子载上，以为这样才不会散失其香味，其实大大错误，因腊肠内的肉料，经过相当时期的吹晒，肉的组织收缩紧实，绝非短时期所能熟透的，所以务在落米时一齐放下，也不必用东西载着，若是煮大锅子饭，可待水沸时放下，这样陈熟的腊肠，美味芬香都能保全。

东莞腊肠是驰名的，可是近年来都有今非昔比的样子，“米

贵食肉糜”只是吃饱了的人的风凉话，能够吃得起东莞腊肠的，现在成了奢侈的享受了。

（选自南京《工商新闻》1948年第82期第7页）

海鲜生猛

『鲜鲞鱼粥是脆甜，广东吃海鲜，需讲求鲜味，味鲜而后能甜，鱼片太熟了，反而失了鲜甜味，必须火候适当，仅仅够熟，就可以保持鲜味。』

榄仁虾球　炒鲈鱼片　炒响螺球　百花堆锦　蟹烧紫茄　会瓜皮虾　煎大虾碌

逢席必点的虾馔①

吴慧贞

炸虾薄脆——用鲜虾肉一斤，以木棒在砧板上打成肉酱，再加芡粉八两，鸡蛋二三个，盐水适量，一同搓匀，弄成柱状，隔水蒸透，切片排开晒干，食时将虾片下油锅炸至黄金色为度，佐以草菇上汤一碗上席，置虾片于碗内，以汤淋食，极清脆甘香之至。这种虾薄脆不但自成一味，且与他菜佐食，亦各得其妙。如单以虾薄脆蘸淮盐（以五香粉炒之盐），可以下酒；与粥同食，甘香远胜油条。

煎大虾碌——将大只鲜明虾洗净，剪去须芒、腮、足，连壳切分三段，下油镬煎透，以葱白数节、蕃茄汁调“宪头”（用豆粉、白糖、豉油、胡椒粉之属调和者）下镬兜匀上碟，味其甘美。

酥炸虾球——用大只鲜明虾洗净去壳，分切数段，以针插一小洞，中夹入火腿丝一条，再以鸡蛋用筷打松，加些盐花、白糖、面粉，调成厚糊，将虾肉入糊调匀后，乃用武火将油烧滚，

---

① 节选自吴慧贞《粤菜烹调法》之“菜式分述”。

即将火收至极慢，然后将虾球入镬炸至皮黄，食时佐以淮盐或姜丝、麻油、浙醋及橘汁，松香可口。

榄仁虾球——用大只鲜明虾洗净去壳切段，以刀破开一部分而仍相连，或用小只鲜虾拆肉，取虾仁用麻油、熟油拌匀，又将榄仁用滚水泡去仁衣，隔干水分后，猪肉下镬炸松，然后同虾肉下镬一炒，加些葱白、“宪头”兜匀上碟，极鲜美松香。

青豆虾仁——用鲜嫩荷兰豆仁先下油镬加些盐水爆熟（或用罐头青豆亦佳），再将鲜虾拆肉，用熟油拌匀，下镬炒至八九分熟，加些葱白粒，与豆同会上碟，再加少许麻油，风味甚佳。

炒芙蓉虾——鲜虾拆肉，配料用猪肉、冬菇、葱白俱切成丝，先行炒熟，后将鸡蛋打松，加麻白盐花，与各料调匀，下镬煎成饼状，上碗时再加“宪头”调匀。

滑蛋虾仁——滑蛋虾仁必须炒得鲜嫩，味始为美，故第一要注意火候，其次则须讲求手法、经验。其制法为将鲜虾仁用熟油先行拌匀，再加打松之鸡蛋调和，下阴镬炒熟，或将油烧滚后，将蛋、虾放下油锅，离火，以油之热度煏熟之，两种炒法，均取

其鲜嫩黄净，适口美观，全恃烹者经验技巧，始能各显其好处。

炒明虾片——鲜明虾去壳切片，以熟油拌匀（有油质盖护则可免火候过度而失鲜嫩）。配料用冬笋、冬菇、芹菜、葱白、肥肉片等，先行炒熟，乃将虾下油镬一炒，与配料同会，加“宪头”兜匀上碟。

核桃虾仁——将核桃破开取肉，以滚水泡去薄衣，吹干水汽，下油锅炸松，加盐水炒过，再将虾仁，以麻油、熟油拌匀，加些葱白，与核桃肉下油镬一同炒和，“宪头”加不加各任所好，入口鲜美酥香。

菜薳虾球——鲜大虾拆肉切件，略加破开，用熟油拌匀，再以白菜心或其他菜薳下汤锅内一滚取起，再将虾肉放下油镬一炒，加些“宪头”，与菜薳同会，上碟时再加些麻油。

（原载《家》1947年4月号第15期）

香糟明虾——用成只明虾，剪去须翅，用盐腌过，置瓦罂中以糯米酒糟糟之，面上加熟油，封盖五六日即可取食，香美异常。如鲜食嫌带腥味，则加麻油或放饭面一蒸亦佳，但蒸不宜过久，久则失其鲜。如用小虾制，也同样鲜美。

炖明虾脯——大明虾脯洗净，冷水浸透，下油镬以姜汁酒、冬菇同爆至香，加膏汁二两，和上汤炖脍，或加肇菜（即黄芽白菜）垫底，更为佳妙。

烩瓜皮虾——先择鲜红色虾尾冷水浸透，下油镬爆香，再将黄瓜洗净去瓤，切薄片，用盐拌透，再以白醋腌酸，临用时去酸醋汁，加白糖拌匀，又将海蜇洗净沙泥，冷水浸透，下滚水一浸，取起切丝，用麻油同瓜虾拌匀上碟，香美爽脆兼而有之。或加胡椒粉、辣椒、炒肉丝等同拌，则更为醒胃。

烩瓜皮虾

按：上面共开列了虾食谱十一款，堪称大端；犹记20世纪70年末80年代初以迄90年代，虾馔都属于粤菜的代表和象征之一，几乎逢席必点；内地饮的餐馆酒楼，如果想带点广味时尚，更是首推虾馔。渊源有自，《美味求真》中，虾食谱也是其最大端之一，开列了六款，分别是：

炒明虾——先去壳，每只切两片，用熟油拌匀，小菜用冬笋、香信、葱白、旱芹、肥肉先炒熟，后下油锅炒虾，即下牵头（同“芡头”，后同）兜匀上碟，味鲜甜爽滑，虾头用鸡蛋湛（同“蘸”）匀煎香，另碟载或冲酒食亦妙。

糟明虾——成只用盐腌过，用糯糟腌之，瓦罂载住熟油封口，五六日可食，味鲜美。

炒虾仁——生虾去壳成只炒，弄法照炒明虾便合，小菜因时而用可也。

芙蓉虾——成只生虾去壳，弄法照芙蓉蟹便合。

瓜皮虾（即凉拌虾米也）——用鲜红虾米浸透炒过，用黄瓜去囊切薄片，用盐揸过，以白醋腌酸去醋汁，加白醋多些拌匀后下海浙（蜇）、麻油、熟油拌匀上碟，味甚爽脆。

虾子豆腐——白豆腐去底面切幼粒，用绍酒少许和上汤滚之，后加虾子一小杯同牵头滚匀上碗，加些火腿粒在面，味鲜滑甘美。虾子往天津店有卖，但要新鲜者为佳。

虾馔在谭家菜中也颇占席位。《北京饭店的谭家菜》说谭家菜里共有近二百种佳肴，以做海味菜最为有名，并举例说：汤鲜味美的“蚝油鲍鱼”，新颖别致的“柴把鸭子”，脆嫩香鲜的“罗汉大虾”，清淡适口的“银耳素烩”，都是极有特色、别具一格的佳肴。“罗汉大虾”得到“钦点”，并居于开列的四款虾食谱之首：

（一）罗汉大虾：主料用大虾1125克，配料用南荠25克、肥膘肉17克、鸡蛋清20克、黑芝麻5克、黄瓜100克、桔子8瓣、樱桃4颗，调料用白糖70克、盐2.5克、料酒2克、味精1克、淀粉10克、香油50克、花椒盐2克以及葱、姜少许。

制作方法：将大虾用清水洗净，剪去虾须、虾枪、虾腿。将虾背部皮壳剪开，去掉虾背上的沙线，最后剪去虾头，挑出沙包；将大虾从中间切成两段，将虾尾部一段去皮留尾巴。从虾背上片开，注意不要片透，成片状。在虾尾肉上打上花刀，摆在盘中，每个虾尾花刀处淋上两滴料酒，撒上少许精盐，腌制1—2分钟，加工好的虾头及虾尾部放在盘中待用；将17克肥膘肉、25克南荠、180克虾肉制成馅。工艺如下：（1）将肥膘肉用水煮3分钟后取出，剁成肉泥；（2）将南荠洗净，削皮后剁成碎米状；（3）在虾的总用量1125克中提取180克左右做肉泥，去皮剁碎即可，再放上蛋清、淀粉及盐、料酒，搅拌均匀。将搅拌好的馅分别镶在每个虾尾部有花刀的一面，使其成小凸肚状。镶好后，如有不适，可用小刀修整一下，以保外形美观。修整好后放在平盘里，然后在虾凸肚上面点上黑芝麻。将香油倒入煸锅烧至70℃左右，先把镶好馅的虾尾炸透至金黄色。炸时注意油温的变化，油温不宜太高。在炸的过程中需要不断搅动，防止炸得不均。炸好后取出。取少量油放入煸锅内，待油热后，放入虾段。放虾时要一个一个排列放入油锅，在煎制过程中不要破坏虾形。煎制中注意轻轻翻动，火候不宜过大，见虾段成红色后捞出，盛在盘里，锅里的红油待用。在盛有红油的煸锅里，放入以下调料：糖70克、盐2克、料酒1.5克以及姜、葱丝少许。再将煎好的虾段放入盛有调料的煸锅里，翻烤入味。摆盘方法如下：先将消过毒的黄瓜从中间切开，分两半，取其中一半，用刀切成片状，切好

后，皮向上向左侧错开，黄瓜条两头用四片黄瓜八瓣桔子组成四朵花，中间各放一枚樱桃，此花盘这样摆放主要为防止虾段部的汤汁流到另一边。码放在盘中色调也十分好看。将烤入味的虾段部，分别放入盘子一头，码放整齐。将炸好后的虾尾球，码放在盘子的另一头。摆列要整齐。将焖烤虾段的一部分原汁浇在虾段一边。将虾尾球上面撒上花椒盐。特点：一头鲜红，一头金黄，尾部焦嫩鲜美，头部肉嫩味香。

制作罗汉大虾时应注意：（1）制作馅时四种原料要搅拌均匀，用鸡蛋清及淀粉的目的是入油锅炸时不易撒馅。（2）炸虾段时如果出红油太少，可在第二遍放入调料烤时，放入一些蕃茄酱，达到助红色的效果，但是如加蕃茄酱，就必须加大用糖量，盐也增加。（3）无论是虾头或虾尾，炸时一定要使用微火慢炸，切不可心急。

（二）干㸆大虾：主料用大虾1000克，配料用大葱100克、姜25克，调料用盐、酱油各5克、糖17.5克、料酒、淀粉各15克、花生油100克、西红柿酱20克、鸡汤150克。制作方法：将大虾洗净，剪去腿和头部，去掉沙包，背上剪开，取出泥肠，切成两段；用油将虾煸成红色，然后加料酒烹一下，再加调料和一半葱、姜丝，注入汤，用小火焖7分钟左右捞出，放在盘内，其汁加葱、姜丝，用淀粉勾薄芡，浇在虾上即成。

（三）凤尾大虾：主料用大虾1000克，配料用鸡蛋清4个、淀粉25克，调料用糖7.5克、盐5克、料酒10克、花生油100克以及葱、姜、椒盐少许。制作方法：将鸡蛋清和淀粉搅成糊待用；将大虾去皮留尾，由背部切开，两片都要带尾，用调料腌3分钟左右，取出后每片分别蘸上蛋清淀粉糊，用油炸透，装在盘内，两边放上椒盐即成。

（四）酥炸大虾：主料用大虾1000克，配料用鸡蛋清3个、玉米粉50克、泡打粉7.5克、猪油25克，调料用盐、糖7.5克、料酒10克、花生油100克以及葱、姜、椒盐少许。制作方法：将各配料搅成蛋清糊待用，将大虾去皮留尾，由背部用刀片入三分之二不要切开，用调料腌3分钟左右。取出后蘸匀蛋清糊，用油炸酥透捞出，摆在鱼盘内，尾向外，两边放上椒盐即成。

蟹于粤人至味也[1]

吴慧贞

蒸肥膏蟹——蟹也是海产中的珍品，味最鲜，且含磷质甚丰，能补脑长骨。蟹有膏蟹、肉蟹、水蟹三种类别，因为它的体外有厚甲，所以选购时不是有经验不易知道它的内容，因此俗语有“西瓜与蟹不识莫买”。大抵蟹肉丰满和膏黄充足的，它的壳色深而体重，而体轻的一定是水蟹无疑。蟹的配制，必须清淡，才能显出它本身质味的甘美，尤其是不可加麻油。蒸蟹必须用膏蟹，它的蟹黄下酒最宜。食法据本人的经验，以蟹切开，排在碟上，隔水清蒸最好，临食时才用蒜茸、姜丝、浙醋蘸食。也有先下蒜、醋同蒸的，但蒜、醋的香味既为火力蒸散，而蟹鲜美的原味也不免变损。

蟹黄鱼唇——鱼唇是鲨鱼翅上的嫩皮，因为它软滑鲜美，它的价值不逊于鱼翅。它的烹法为，先把鱼翅下锅，和柴炉灰水滚数次，取起再三刮去皮沙，用清汤滚透，取去翅针后，择其滑软之皮取下，再用清汤滚透，冷水浸漂，如此反复滚漂，以漂清灰味为止。然后用上汤加些姜汁、葱白二条，滚除腥味，乃取起

①节选自吴慧贞《粤菜烹调法》之“菜式分述”。

去汤，再另以上汤煨至极脸，临上碗时加蟹黄调“芡头”同会上席，其鲜美相得益彰。如用些中山蚝油调和，则味更甘芳。

炒芙蓉蟹——把蟹蒸熟拆肉，配料用猪肉、冬菇、韭黄、葱白，都切丝先下油镬武火炒熟，然后用鸡蛋打松，把蟹与配料加些盐花调匀，下油镬煎成饼状，上碗时将“芡头”滚匀淋在面上，鲜美甘旨，佐酒下饭，都很相宜。

红烧蟹盖——把蟹洗净，捞起蟹盖待用。再把蟹爪蒸熟拆肉，配料用斩细的猪肉，切细的冬菇、火腿（或腊鸭肉），及研细的面包屑，同打松的鸡蛋调匀，再把油炒茜米半匙、油泡洋葱头，和一些蒜茸、盐花、椒末一并加入和匀，嵌入蟹盖内，放下油镬，慢火炸透取起，成只或切开上碟都可以。食时蘸以橘汁，极为鲜美芳香。

鲜莲蟹羹——鲜莲蟹羹是夏令佳馔，以甘香爽口见称。法以蟹蒸熟拆肉，配料用冬笋、冬菇、猪肉，都切成细粒。杭仁去皮，鲜莲子去心，猪肉粒则用些熟油、生豉油、豆粉以手搽匀。先将配料用上汤滚熟后，再下蟹肉，调以薄“芡头”连汤上碗，为消夏醒胃的妙品。

蟹钳草菇——草菇以粤北韶属产品最佳，新鲜的固鲜美爽滑，干的更见甘香。粤餐家常便馔中也常用它做汤味配头，而以风味鲜美的蟹同配，更是相得益彰。如用鲜菇，则切去根头，洗净后剖之为二，

用上汤滚熟后，下蟹肉即行上碗。如用干菇，则先去根头，用水洗净沙泥后，以水浸透，留原浸的水，和上汤入锅同滚二三滚，就可随下蟹肉滚匀上碗，味极鲜美甘芳。如果更求爽口，可先准备晒干饭焦，拣黄净的每片若两指阔度，下油镬炸酥，上碟与汤一同出席，食时取菇汤浸食，更是甘香异常。

蟹烧紫茄——茄以色紫而嫩的为美，尤其是生于秋天的，故有“秋茄胜腊肉”的俗语。先将蟹蒸熟拆肉，用嫩紫茄刨去皮约大半，切长丝或如马耳块，下油镬炒熟取起，用蒜茸、浙醋、白糖调匀后，下蟹肉和“宪头”落油镬滚匀，淋上茄面上席，风味甚佳。

玉钳翡翠——玉钳翡翠也是夏令时菜，“翡翠”就是凉瓜的别名，凉瓜亦名苦瓜，能清心解渴，皮色青翠，悦目爽口。先将肉蟹蒸熟拆肉，取西园种苦瓜（身短而肥者，又名雷公凿），剖开去瓤，切如马耳状，用盐揸透，去清苦水，再以冬菇浸透揸干，同下油镬炒熟，再下蟹肉一炒，加“宪头”下镬炒匀上碟，味清而爽口。

琼浆锦瑙——琼浆锦瑙即香糟醉蟹的别名。以细[1]只黄油膏蟹去厣剥开洗净，用盐少许腌一刻许，再以瓦罂承好糯米酒糟腌

①粤语，指小个的。

藏，以糟盖过蟹面为度，再加熟油封面后，就把瓦罂固封，约腌十日可食。开罂时，把蟹转动一次，使上下糟味调匀，取食鲜滑芳香，极堪一醉。如嫌它有腥味，可加些陈广皮同腌，或临食前，放在收尽火后的饭面一蒸，但不可过久，以免失去原味。

（原载《家》1947年5月号第16期）

酥炸肥蟹——炸蟹甘美酥香，是下酒的妙品，以蒜、醋和味，更能醒胃，即以之佐膳，也能促进食欲。用足肉蟹仔斩件，以豆粉和水成糊，将蟹拌匀，或以蛋调粉更妙。拌匀后，下油锅炸至酥脆，取起，再以豆粉、白糖、蒜茸、浙醋，或加些酸梅和水调“芡头”，下锅一滚，即将蟹随下炒匀上碗，但不可太久，以免皮外不酥。

蟹翅肉丸——先将鱼翅洗净漂清，上汤煨脍后，再将蟹蒸熟拆肉，用土鲮鱼（广东顺德县产者为佳）或其他肉爽之鱼亦可，去骨皮斩成肉酱，加些豆粉、盐水调匀，用食箸搅至起胶，再下鱼翅、蟹肉、冬菇、肥猪肉和匀，做成丸状，放竹筛上隔水蒸熟后，或佐以菜蘧上汤同会（烩），或用“芡头”炒匀上碟，风味均佳。

百花堆锦——百花堆锦一菜是以虾肉为主，佐以蟹黄。它的妙处在爽滑脍软，鲜美甘香。先以鲜大虾拆肉，捣成肉酱，加些豆粉，与打松的鸡蛋白、盐花、切细冬菇、腿茸搓和调匀，做成肉饼，隔水蒸熟切件，上碟时以蟹黄“芡头”淋在面上上席。

按： 在很多人眼里，蟹乃天下之至味，尤其是沿海以及长江下游一带之人。黄天骥先生在《蝶恋花·羊城十二月咏》中，九月之咏，就以蟹为代表："九月登高云漠漠，水坳山隈，又见新楼阁。碧瓦朱甍金凤琢，琼轩矗立天鹅落。越秀流花开夜幕，星汉交辉，灯影垂缨珞。广厦筑成连巷陌，持螯赏菊听弦索。"蟹于粤人，的乎上味，故吴慧贞一气开出十二款蟹食谱，超过了虾食谱，甚是可观。可是彭长海的《北京饭店的谭家菜》，却只录了只能算半款的蟹菜谱，大约像那种高雅场合，食蟹多有不便吧：

酿海盖——主料用螃蟹1.5千克，配料用猪瘦肉425克、冬笋150克、冬菇150克、海米250 克、面包150克、鸡蛋3个，调料用盐7.5克、糖7.5克、玉米粉50克、胡椒粉少许、花生油25克、料酒25克、姜25克、醋50克。制作方法：将螃蟹洗净，上笼蒸15分钟左右，取出晾凉，揭开蟹盖，取出蟹肉，备用；将猪肉剁碎，再将冬菇、冬笋、面包均切成碎米丁；海米用水泡过洗净，也切成碎米丁；将猪肉末与螃蟹肉放在一碗内，并加入冬菇、冬笋、海米各丁拌匀，然后加入盐、糖、胡椒粉、料酒、蛋清（2个）、玉米粉、花生油一起拌成馅；将馅酿入洗净的蟹盖内，抹成圆形，再抹上蛋清玉米粉糊，撒上面包渣，先用40℃的油浸炸透，再将油烧至55℃左右，放入蟹盖再炸5分钟左右，成金黄色即可。配上生菜、萝卜花。随上姜醋汁，供蘸食用。

倒是《美味求真》，虽然录其他食谱简而且少，但录蟹食谱却多达六款：

芙蓉蟹——将蟹蒸熟拆肉，小菜用猪肉丝、香信、葱白，先炒熟后和鸡蛋搅匀煎作饼大，上碟加芡头滚匀铺上面便可，味甜鲜。凡蟹忌麻油，切不可下之。

蟹翅丸——先将鱼翅滚煁，蟹拆肉，用鲮鱼起骨皮琢极幼，

加豆粉、盐水搅至起胶后，下鱼翅、蟹肉、香信、肥肉和匀作丸，用筛载住蒸熟取起候冷，加芡头在锅滚匀上碗，味爽甜。

酥蟹——用肉蟹仔斩件，豆粉拌匀下油锅炸酥脆取起，用酸梅、白糖、豆粉、蒜茸和些水下锅拌匀上碟，味酥香。

糟蟹——用黄膏蟹仔去厣剥开洗净，用盐水少许腌之后，用好糯糟糟之，以糟至蟹面为度用罂载之熟油封口，至十日间可食，先一二日转一遍，使其上下味匀，欲食时取出放在饭面上一局（焗）便可，又不可久局（焗），恐老则不鲜滑矣。

翡翠蟹——将蟹蒸熟拆肉，用西园苦瓜去净囊，切马耳片，用盐揸过去苦水，同些香信下油锅，先炒熟小菜，后下蟹肉并芡头兜匀即上碟，味清爽甜，夏天菜也。

蟹羹——将蟹蒸熟拆肉，小菜用冬笋、香信、猪肉俱切粒，榄仁去皮同先滚熟后下蟹肉，加芡头兜匀，连汤上碗，味极鲜甜。

蟹烧茄——先将熟蟹拆肉。用嫩紫茄去皮切长丝或切小马耳，下油锅炸熟取起，后用蒜茸、浙醋、白糖拌匀后，下蟹肉和“宪头”滚匀铺上茄面便合，味鲜野可取。

奢华新贵响螺[1]

吴慧贞

炒响螺球——响螺一物，爽脆味鲜，颇耐咀嚼。先将螺壳打开洗净，只取螺头，不要下段，刮去胶质，切去头部近厣硬肉，然后切球片开，或切薄片，将配料冬笋、冬菇、肥猪肉、白菜梗下油锅炒熟，先行取起，再烧猛油锅，将螺肉下锅炒熟，随加“宪头”与配料下锅炒匀上碟。此物忌用白糖，火候不可过老。上碟时加些麻油、蚝油，更增芳香美味。

---

①节选自吴慧贞《粤菜烹调法》之“菜式分述”。

炒响螺球

按： 响螺，在粤菜传统中占有特别的一席，如清末吟香阁主人选辑之《羊城竹枝词》卷二莲舸女史《羊城竹枝词》所咏：“响螺脆不及蚝鲜，最好嘉鱼二月天。冬至鱼生夏至狗，一年佳味几登筵。”（雷梦水等《中华竹枝词》，北京古籍出版社1997年版，第2950页）《美味求真》中也有记载，与吴慧贞所述相近：“炒响螺：打开净要头，刮起去潺[①]，近掩（厣）处硬的切去洗净，切薄片下油锅炒至紧熟便可，小菜用冬笋、香信、肥肉、白菜同炒，上碟时加芡头兜匀，免白糖，后加麻油，味爽甜。”

再按： 唐鲁孙《故园情·红烧象鼻子的秘密》（广西师范大学出版社2004年版，第171页）说：“文园以四热炒驰名百粤，他家热炒纯粹用螺蚝蛤蟹一些珍异水族入馔，上味横出，争夸异味。”这螺，当即响螺。

又按： 在今天的潮州菜中，响螺乃是可轶“燕翅鲍肚”而上的顶级食材，在一些高级餐厅，一片堂灼响螺售价能高达1000元左右，堪称奢华新贵。几年前去潮州采访调研，在千禧投资公司蔡伟群先生的一次午宴上，许永强师傅当堂示范，一只大响螺，切出十来片，灼出来，视熟如生，吃起来，鲜美脆嫩、爽口多汁，真是至味；一片一千元，不虚食也。吃响螺，还有一点讲究，那就是如最早征服羊城的潮菜大师朱彪初在《潮州菜谱》中所谓：“螺尾最香，一定要摆上。如食客见无螺尾，食后就不

---

①这里是指螺肉表面那层黏黏的东西。

付钱，这是潮州人的规矩。”白灼之外，还有一种火腿烧螺的吃法，是将响螺连壳在炭火上活烧，目的是让响螺吐尽黏液、去除异味，称为洗螺。然后才灌入火腿末、上汤、香料等，直烤至酱汁收干，才将收缩离壳的螺肉取出，切片摆盘。烧得好的响螺，吃起来就像溏心干鲍，余香满口。这炭烧响螺更难做，市面上几近失传，蔡澜当年到汕头，还是通过张新民才请得美食大师林自然出来演示了一番。

另据潮汕饮食文化达人张新民先生介绍，他自己烧响螺是先将带壳的响螺架放在红泥风炉上用炭火烤，其间先用箸尖刺一下螺鼻，使其喷出黏液后洗净，接着往螺口倒入用火腿末、川椒、肥肉、生姜、青葱、黄酒、上汤、酱油等调成的烧汁，略为腌制烧开后倒掉，以洗掉响螺之腥。然后正式烧烤，先武火后文火，直至再放的烧汁被螺肉吸干为止，历时约40分钟，最后脱壳去肠切片装盘，与白灼螺片大异其趣。

说是这么说，这种明炉响螺，要烧得既脆且香，火候非常难掌握，简直无法教、无法传，人谓“裤头方”。

其实，因为响螺唯潮汕所产为佳，向来是潮州名菜，当年朱彪初在广州华厦、李树龙在广州南园，都标为招牌名菜，格于当时潮菜声名未达，故如今仿如新起；这也恰恰说明了潮菜今日至尊的江湖地位。

而人所不知的是，炒响螺，在民国三十年代（20世纪40年代）的上海，就已是闻名遐迩的潮菜招牌；中华书局1934年版的《上海市指南》（沈伯经、陈怀圃著）就将其与炒龙虾、炒青蟹并列为三大招牌潮菜。

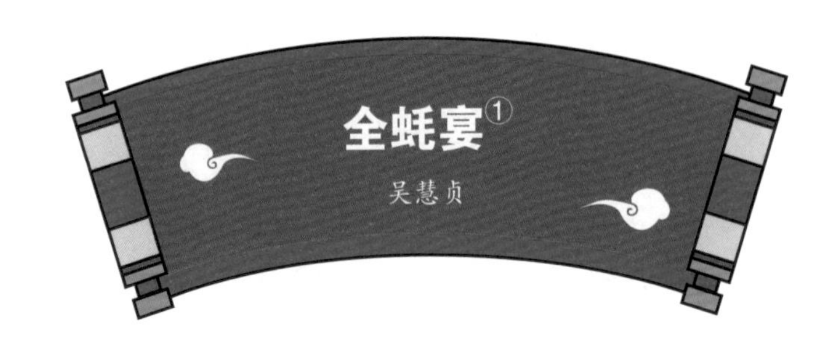

全蚝宴[1]

吴慧贞

粤人重蚝，虽因污染及填海造地等，沿海知名的蚝产地在日益减少，即便如此，那些已经工业化的原来的著名产地，仍然保留了全蚝宴等传统仪式般的菜式。作为普通粤人，逢年过节，吃蚝豉（干蚝，也“好事”同音）总是必须的意头（彩头）菜。夏秋季节，烤生蚝喝啤酒当宵夜，更是年轻的时尚般的享受。故吴慧贞此处开列了九款蚝菜谱，《美味求真》也开列了三款，尽管十分简单，总比《北京饭店的谭家菜》付诸阙如好：

扣蚝豉——取新者先滚一过（焯水），或用水浸透洗净沙泥，姜汁酒炒过，用网膏每只包住，走过油更妙，好原豉蒜头三粒共捣幼，拌匀放钵上，加绍酒三两，隔水炖至极煁为度。

炙蚝豉——洗净沙布抹干，用熟油擦匀周身，用铁线串住放于炭火上炙之，俟炙透切片，用浙醋、麻油、白糖少许拌匀上碟，味淡加白油同拌。

---

①节选自吴慧贞《粤菜烹调法》之“菜式分述”。

蚝豉松——洗净沙，切粒，下姜汁酒炒过，小菜用苔菜、冬笋、香信、肉粒、五香豆腐，俱切粒同炒，上碟时加芡头兜匀或加腊鸭尾同炒亦可。

鱼肴盛宴，滋味无穷[①]

吴慧贞

炒鲈鱼片——鲈鱼肉嫩味鲜，故粤厨制法，即切即炒即熟即食，务求新鲜，常有将鱼肉下镬时，肉犹在微动，可见其鲜活。它的炒法，先将配料冬笋、冬菇、葱白、白菜梗切片炒熟后，同时用快刀把鲈鱼起肉去骨切片，即用熟油调匀，下油镬一炒，加“宪头”和配料调匀，上碟再加熟油、麻油淋面，味至鲜嫩爽口，再加上腿茸在面更为鲜美。

菊花鲈锅——此种食法，使鲈鱼更显鲜美，因鱼在席上任客自行烹调，自饶兴趣，吃来更自觉有味，且烹调得宜，确有独到之处，味取单纯，而重在鲜爽，以尽显其本色。烹法以特制薄铜锅一具，承以寸余高四脚铁丝架（或全用铜制，其脚以铜片凿通花制成，更为雅致），下垫一碟，中放高粱酒一杯及纸一小幅，以作燃料。食前先将锅承上汤半锅，全具放于席中，以盖密盖，燃着高粱，俟滚先下菊花（蟹爪白菊）瓣、葱白丝，再盖好一滚，同时把鲈鱼洗净，在席前以快刀切肉起片，排在碟上，

①节选自吴慧贞《粤菜烹调法》之“菜式分述”。

送至席中，由客亲自用熟油、黄酒调匀，放下锅内，浸至刚熟，以匙取入小碗，加虾薄脆（制法见《家》第十五期原文，即吴慧贞《粤菜烹调法》。）同食，极清爽鲜美之至。鲈鱼烹调最贵鲜嫩，已如前述，而此种食法，刀法与手法更须注意，若刀法厚薄不匀，则有过熟太生之弊；如手法迟缓，则鱼身神经已死，下锅时肉已不跃动，鲜味减损。至烹具则锅以薄铜制者为佳，以其易于传热；而燃料必须用高粱酒，因火候适合而蒸发香气，如用炭火则火力不匀，如用火酒、煤油则气味恶劣，而夺鱼之原味，凡此种种，都是食家所应注意讲求的。

菊花鲈羹——先用油盐滚水将鱼浸熟取起，拆肉去骨，用黄酒、熟油调匀，配料用猪肉丝、粉丝、冬菇、火腿丝，先下油锅滚熟后，将鱼肉下镬同会，加些“芡头”炒匀上碗，再加麻油、白菊花瓣调匀同食。

酥炸鲫鱼及凤尾鱼——酥炸鲫鱼及凤尾鱼（又名玛砌鱼），它的好处在骨酥味美，全无渣滓，连骨可咽，可使食者得到丰富的钙质与磷质。选用鲫鱼，用活而较细者为佳，凤尾鱼则宜选取较大者。先将鱼剜净，放油锅内文火慢炸，俟鱼身呈微黄色，即行取起，停冷后再微火炸透，取起后加香葱数条及蒜，同下油锅，起镬时再调以糖醋、顶好豉油和“芡头”下锅一滚，上碟即食，则骨酥肉脆，极甘香之至。或调以橄榄枝同腌至次日而食，虽失酥脆之妙，但入口更易融化，别具一种风味。

红炖文鳝——文鳝一物，各地都有，但以产至粤省顺德河流中的最佳。该处的鳝，每年必产鳝王一次，长丈余，体径逾尺。向例鳝王一至，文鳝即随水汛源源而来。文鳝的肉嫩滑鲜美，任何烹调，都很可口。如欲炖食，则先将鳝泡熟，洗去皮外胶滋，每丈切一寸长为度。配料用冬瓜、冬菇、烧猪腩，加蒜子一二

粒，下油锅爆香，连同各料炒透，再加广陈皮、正菜下水同炖至脍，食时再加麻油、熟油调匀上碗。

炖网油鳝——先将乌耳大鳝泡熟，洗去皮外胶滋，切开，每段约一寸长，将脊骨褪去，再以斩猪肉加冬菇、火腿丝调匀，嵌鳝肚内，再以猪网油包裹，以干豆粉撒面，下油镬炸透，取起，再用绍酒二两、上汤一大碗同下瓦钵，配料用栗子及以油炸过的冬瓜同炖至脍。

（原载《家》1947年6月号第17期）

炒马鞍鳝——炒鳝一味，宜用黄鳝，因为它的肉爽而带脆。先取大条黄鳝放盆中，落些牙灰，用手揸去皮外胶滋，再用水洗净，开肚切件，每件长寸许，以滚开水一浸，取起隔干，下油镬炒至微熟，下配料瓜英、荠头、酸姜（均切片）同炒。临上碟时再加些蒜茸调"芡头"炒匀上席，极爽滑醒胃，或加酸黄瓜同会，更为爽口。

会（烩）黄鳝羹——先将黄鳝照前法揸去皮外胶滋，洗净切开，每段寸许，滚熟，拆肉去骨，用些姜汁酒下油镬炒过，随将配料冬笋、冬菰、猪肉切丝，下油镬一炒，加上汤同会上碗时，再调匀麻油和"芡头"加面，或加些腿丝更妙。家常佐膳，也有加些粉丝同会。

按： 鳝鱼是广东人的传统佳肴食材，唐代房千里《投荒杂录》说：“岭南无问贫富之家，教女不以针缕绩纺为功，但躬庖厨，勤刀机而已。善酰醢葅鲊者，得为大好女矣。斯岂遐裔之天性欤？故俚民争婚聘者，相与语曰：‘我女裁袍补袄，即灼然不会，若修治水蛇黄鳝，即一条必胜一条矣。’”故薄薄一册《美味求真》也录了四款鳝食谱，而且介绍颇为详明：

炖耳鳝——取大鳝泡热水去潺切寸断，用油盐水、果皮、正菜炖至煁，小菜用冬瓜走过油，烧腩、香信同炖，加蒜子少许同炖，食时加熟油、麻油拌匀，味香甘而滑。（蔡华文注：“耳鳝”是黄鳝由于宰杀后改刀的不同，煮熟后像耳朵的形状；“果皮”即陈皮；“走过油”指用油泡过）

炖退骨鳝——大鳝泡热水去潺，切寸断，先滚熟退去骨，用琢猪肉酿在鳝内，每节用猪网膏包住，以干豆粉拌匀下油锅炸至透，放在砵中加绍酒二两或走过油冬瓜同炖亦可，味甘香。

炒马鞍鳝——用大黄鳝起去骨，布抹去潺，切寸断，用些虾眼水（沸滚水）拖过再下油锅炒至紧熟，小菜用瓜英、酸姜、荞头切片同炒便合，上碟时加些蒜茸和芫头兜匀便合，味爽而滑，小菜或用酸黄瓜生炒之，上碟时加芫头亦可。（马鞍鳝：黄鳝由于宰杀后改刀的不同，煮熟后像马鞍的形状。）

会（烩）鳝羹——大黄鳝滚熟，拆去骨起粗丝，用熟油、黄酒拌匀，小菜用香信、茶瓜、韭菜花、肥肉丝，五香豆付（腐）、粉丝先炒熟后和原汤会（烩）之，上碟时加些芫头拌匀便合，或连原汤会（烩）好上碗作羹，加些麻油香甜而滑。

比较而言，《北京饭店的谭家菜》只录了两款鳝食谱——“红烧白鳝”和“清蒸白鳝”，似嫌太现代。

清蒸石斑——石斑鱼是海味珍馐之一，味极鲜美，以产于咸淡水的交界处者最佳。它有几种类别：身黑间成纹的名“老虎斑”，身有黑斑点的名“黑斑”，身有红点的名“红斑”，而以“红斑”最佳，因为它的肉爽皮滑，比他种味更鲜美，所以价值也比他种为高。清蒸的方法，是将鱼劏净后吊起，去尽水汽，以姜汁、盐花，熟油次第将鱼身搽匀，以葱白二三条先放于碟上，将鱼承起，以便热力上下调匀，而不致生熟不匀，隔水蒸至仅熟为度，乃将熟腿丝放在面上，加熟油调“宪头”，和原汁淋面上，入口非常鲜爽嫩。

麒麟石斑——将石斑于照前法蒸熟，或用滚水，离火将鱼下锅，浸过鱼面，将锅盖密盖，约浸三十分钟便熟，随把鱼取起，以熟草菰、火腿片，相间排于鱼面，叠成鳞状，再以猪油、原汁调“宪头”淋面上，食之既鲜且嫩。

奶汁石斑——将石斑鱼如前法以姜汁、熟油搽匀，成条隔水蒸至仅熟后，用原汁调牛奶、牛油或猪油及打松鸡蛋，加些白糖和“宪头”淋面，其味甘鲜，比之咸食，则另具一种风味。

干烧石斑——将石斑鱼劏净抹干，以盐水搽匀周身，再把鱼身以刀轻切数纹，再用鸡蛋打松搽匀鱼身，以面包屑敷面上，下油锅慢火炸至黄色，取起上碟。食时以五香堆盐或橘汁蘸食，味甚甘香。

五柳石斑——五柳石斑的制法，或把鱼下滚水内浸约三十分钟，或抹干鱼身后以盘承之隔水干蒸，均以约熟至九分为度。用滚水浸熟，它的肉嫩；隔水蒸熟则其味鲜。两种烹调方法，各有所长，随食者所好而选择之。配料用酸姜、荞头、葱白、火腿等，均切丝，下油镬一滚，调以“宪头”，即将镬离火，乃将鱼入镬一翻上碟，则鲜嫩无比。

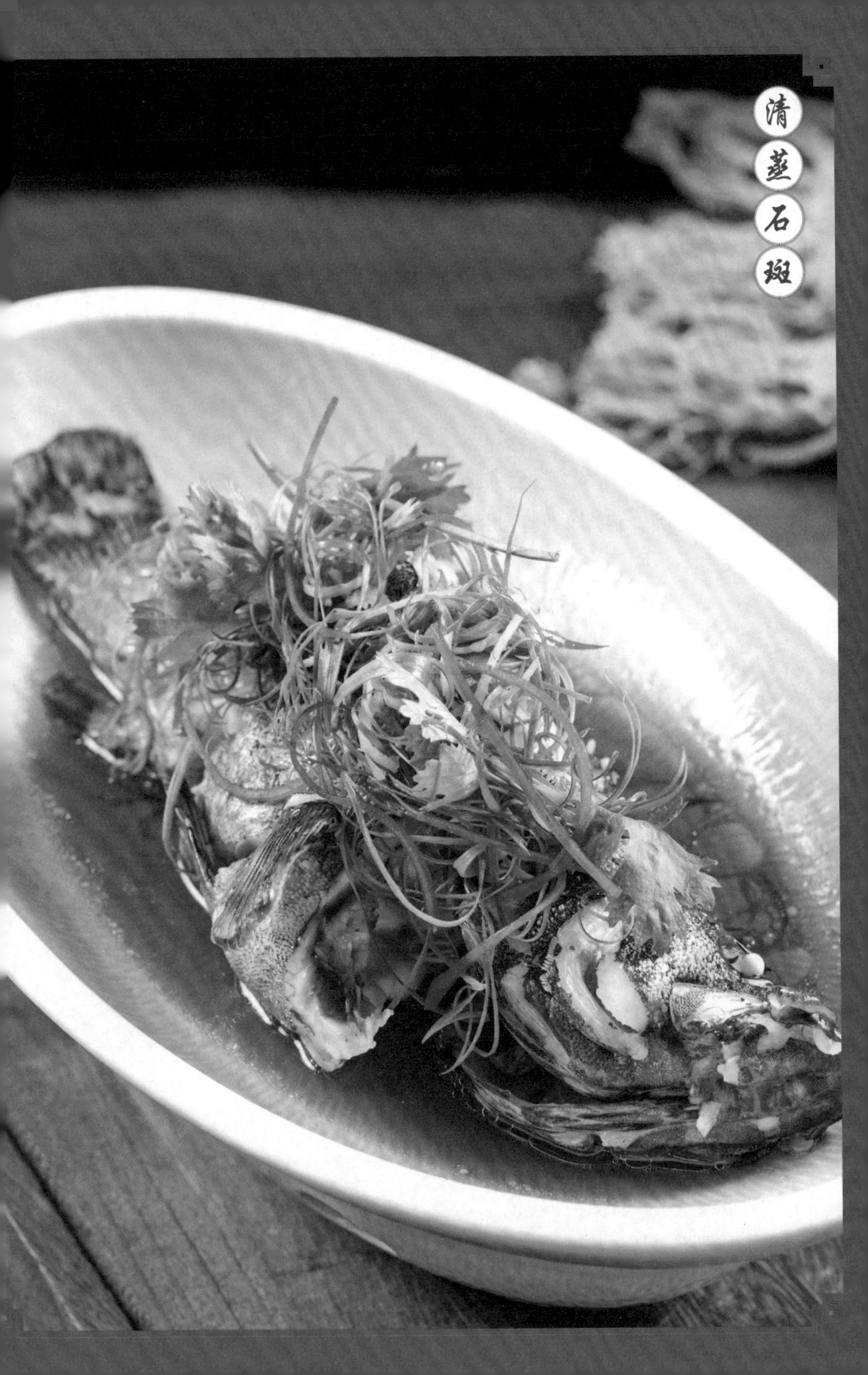
清蒸石斑

腌煎石斑——上述几种石斑鱼的烹调法，都须用配料调佐，或是要用蒸浸的方法，以求鲜嫩，若是家常配料不便，则以腌煎的食法为宜，因为它制法简单而味厚，就是留之隔餐佐膳，味也不变。法以石斑鱼剜净，用刀将鱼脊肉上刻数刀或剖开，用盐花将鱼成条搽匀，腌约半小时后，以清水冲洗抹干，下油镬文火煎透。

烹黄鱼头——将黄鱼头下锅滚去灰味，取其明净[1]的用冷水泡透后，再用清汤滚至将脍，再用上汤煨透，使汤味浸入肉内，然后上碗，再加火腿。此味全凭火候适度，如火力过度则肉泻，火力不足则硬实，烹者极须注意。

炒生鱼片（连汤，汤名“生鱼白露”）——生鱼又名斑鱼，两粤湖池生产甚丰。身具力量极大，能潜入泥下尺余，也能高跳达丈余，全身骨少肉厚，极富滋养，将其鱼头及骨，同豆腐，生葡萄下油镬煎透煮汤，则成为一种乳白液汁，能润肤养颜，乳母食之，有益乳及增浓的特效。故粤东酒家，凡炒生鱼片，必连汤一味，也是为了珍惜它的滋养成分。近来欧美、南洋[2]的人也多嗜此，广为养殖，考其品种，也是原由我国侨胞所输入，故多称之为中国鱼。因为它能离水多日不死，所以有“生鱼无死日”的俗谚。生鱼身上有胶粒液体甚滑，且力甚大，故剖鱼时必先将鱼高举，尽力挞于地上，使鱼力乏，不然则下刀甚难；鱼挞倦后仍须以食箸从鱼口插入肚内，支撑鱼身，才易去鳞起肉。炒生鱼片

---

①指去了灰味的状态。

②是明清时期对东南亚一带的称呼，是以中国为中心的一个概念。

的制法，以鱼肉切片，用熟油调匀。配料用冬笋、芹菜、冬菇、云耳、葱白、菜梗或丝瓜片等，先行炒熟，然后用油镬将鱼片炒至八分熟时即加入配料，“宪头”炒匀，上碟再加麻油、熟油、胡椒末，味既鲜美，而又爽滑。

蒸金钱鱼——生鱼肉厚已如前述，把它刮净横切成片，则有如金钱之状。先用熟油将鱼片调匀，排于碟上。配料以猪肉、姜、葱白、冬菇、红枣，均切丝，以熟油、顶好豉油调匀敷鱼面，放饭面上蒸熟食之，味很鲜美，为家常佐膳佳馔。

炸生鱼球——炸生鱼球一味是顺德家厨烹饪的佳馔，驰名已久。它的制法为，先将生鱼起肉去骨切丝，配以冬菰、火腿丝，用熟油调匀，再和以打松鸡蛋、豆粉合搓成丸，每一鱼丸中夹南乳花生肉一粒，下油锅文火一炸取起，再将菜薳用上汤滚熟后，调以“宪头”，下鱼丸一炒上碟，极为甘芳爽口。

（原载《家》1947年7月号第18期）

炒鱿鱼脯——鱿鱼以产自广东北海、九龙等地的最佳，因为它的肉厚而脆，爽滑而香，故“廉州鱿”与“九龙吊片”最为脍炙人口。其他次等产品则肉厚者坚韧不易咀嚼，小者则肉薄而无味；因此必须选购上品，烹制后才能显其佳妙。炒鱿鱼脯的制法：先将鱿脯洗净，再以冷水浸软，这一步手续是很重要的，如不浸透，则肉不脆。次等品常用咸水或苏打粉之类和水而浸，以速其软化者，但原味全失，实不宜用。浸透后，剥去脊骨，撕去面膜，用刀略在背面斜割井格纹，然后切成块状，拌以姜汁酒调匀。配料用肉片、云耳、冬笋、芹菜或黄芽菜、白菜梗、咸菜梗之属，视季节而选用。先将配料炒熟（用原浸鱿鱼水味更佳），再用武火烧猛油镬，将鱿鱼下镬一炒，一见鱿片卷曲，即下配

料，再调以“宪头”，炒匀上碟，则极爽脆甘芳。鱿片必须一卷即上碟，否则过火而肉韧，极宜注意。

炒鲜鱿鱼——鱿脯香美，宜于下酒；鲜鱿甘爽，佐膳极好。炒鲜鱿法：先将鱿鱼开肚去骨，洗净切片，用姜汁酒调匀。配料用大梗芥菜（新会河塘种者为佳）心切片，或用珍珠菜花亦妙。先将菜下油锅炒热，如炒芥菜则加酒、蒜子、白糖，取起后，再用武火烧猛油镬，炸香虾膏或虾酱（以中山县产品为佳），即下鱿鱼、芥菜同炒，鱼片一卷，立即上碟，味甚鲜美。家常食法也有用咸菜梗、煎豆腐片、生蒜、芹菜、肉片等同炒，滋味也很不差。

红烧鱿鱼——红烧鱿鱼不但是席间下酒佐膳的美馔，就是在二三知己围炉小坐、雪夜谈心的时候，且饮且炙，也是有难言的风味与情趣。烧法为先将鱿脯浸湿，撕去背骨，用布抹去灰气；但不可浸得太久，因过湿则失去其香酥。随用熟油擦匀鱼脯，以铁叉或竹箸串住在炭炉上，又文火烘炙——火过猛则味焦苦不佳——须快手不停地在炉上翻覆旋转，务使火候均匀而不焦，如油炙干，则再擦上，至油滚，鱼身起泡，即取下以锤或刀背将鱼锤卷，用手撕成细丝后，加麻油、熟油、浙醋及白糖少许调匀上碟，或加酸姜、酸荞头丝同食也好。也有把鱿脯洗净抹干后，放于顶好豉油、蜜糖和匀之液中浸透，取起再以猪油擦匀，烧炙至身硬，撕食，味亦隽美。至于转炉把盏，就炉烘炙，蘸麻油、豉油咀嚼，也很耐寻味。

鱿鱼肉饼——鱿鱼肉饼一味，工夫省而味美，堪称家常佳馔。法以浸透鱿脯切粒，和斩猪肉加些顶好豉油、麻油调匀，放碟上在饭面蒸熟佐膳，鱿味的鲜美可以与鲍脯媲美。

按： 鱿鱼是粤菜海味名产，迄今仍然；吴慧贞胪列鱿鱼菜谱四款，《北京饭店的谭家菜》则付阙如，《美味求真》当然不会阙，录有两款，虽然有嫌简略：

炙鱿鱼——先将鱼用湿布抹去灰气后，用熟油搽匀，以铁线串住放在炭火上炙之，见其周身起泡便可取起，手拆丝加麻油、熟油、浙醋、白糖少许，拌匀上碟，底用酸荞头切丝更佳，味香甘。

炒鱿鱼——用好钓片浸透，以近骨便起花切块，用姜汁酒拌匀下猛油锅炒之，见起卷即下芡头，炒匀即上碟。小菜随时而用，先滚熟同炒便是。（钓片：即吊片，鱿鱼吊起来晒的样子，所以干鱿鱼常称吊片。）

炒鲜鱼肚——鲜鱼肚是大鲩鱼的浮鳔，其质与所含营养成分大致与鳖肚相同，而食时则较鳖肚为爽口，故宜鲜炒，大有蛤扣（胃）的风味。法为取鱼肚撕去外膜，留内层爽肉，用些姜汁酒调匀，以滚水泡至微熟，漂清腥味，切片，再以熟油调匀。配料用冬菇、香芹、马蹄、五香豆腐饼，都切成片。先将豆饼片煎黄，随将各配料炒熟后，再烧猛油镬，下鱼肚一炒，即下配料，和些“宪头”调匀上碟，再加些麻油，入口爽而鲜美。

豆豉香鱼——豆豉为广东罗定的名产，它芳香甘美，人所共知，家常以蒸豆豉佐膳，已足增进食欲，如以之调制肉类，味更隽永。豆豉香鱼的制法，将鲩鱼腩切成大件，用打松鸡蛋和面粉调成糊状，拌匀下油镬炸酥后，即将豆豉捣融，开水隔去豉渣，再以油镬炸香蒜子，豉水将鱼滚匀，调些“宪头”上碟，或配以数片青瓜、笋片、葱白也好。

炒鲩鱼片——鲩鱼以广东顺德产者最为肥美，鳞色有黑、白两种，白者味更鲜而爽，其脊肉晶明无骨，蒸炒皆宜。炒法，先将鲩鱼去鳞，起出脊肉，以快刀切薄片，成排放碟上。配料用菜薳或瓜菜片、冬笋、冬菇、云耳、葱白之类，先行炒熟，或再以豆腐饼煎黄后，一同下油镬，武火烧热，加入"宪头"滚匀，即提镬离火，然后下鲩鱼片兜匀上碟，再加些麻油、胡椒粉。鱼片必须用阴镬炒，则不致烂熟，味也更为甘爽。

彩云衬月——彩云衬月是鲩片蒸蛋的别名，为家常佐膳的精品，味鲜而富滋养。法为将鸡蛋数只，用食箸打松，约每一个鸡蛋加水或上汤二汤匙半，再加些盐花、熟油调匀，随将鲩鱼片同蛋放碟内，在饭面蒸熟，食时再加些麻油、顶好豉油在面，极鲜美爽滑之至。

金簪绣球——金簪绣球是金腿鲩卷的别名。制法：先将金华腿切丝，再用猪肉及虾或鱼肉斩烂，和盐水用筷搅至成胶状，将鲩鱼肉连皮起出，切薄片，每二片则轻切一刀，留皮相连，用豆粉、盐花调匀，乃将肉胶嵌入鱼片，每包加入腿丝一条，包成卷状，下锅滚煮，鱼卷浮水便熟，即起去汤，再用油镬将"宪头"滚匀上碟，或加冬笋、冬菇、葱白等配料同会（烩）上碟，鲜滑无比。

（原载《家》1947年8月号第19期）

网膏炖鲩——鲩鱼肉切件，用猪网油膏逐件包好后，加生姜数片，下油及盐于锅内，水以浸至鱼面为度，炖至将烂熟时，再加干酱、顶好豉油和匀上碗，或用些瓜英拌食，更为可口。

香露酿鱼——将鲩鱼脊肉去骨及皮，以快刀切成薄片，放碟上用熟油调匀，再将黄酒烫至将滚，淋于鱼片面上，约至八分熟

为度。如鱼未透，则将热酒再淋，然后将酒滤干，配以花生肉、炒芝麻、酱瓜或瓜英、虾薄脆（制法见前文）拌匀同食，香美爽滑，别具风味，如再加些麻油、生豉油调味更佳。

鲜荷熏鲩——取大约十两重之鲩鱼一条，洗净，去鳞脏，将鱼颈上切开，使其易熟；用布将鱼抹干，将鱼承以鲜荷叶，俟饭滚将干水时，连荷叶放饭面上蒸熟，中途切勿揭盖，以免热度不足及散失鲜味。临食时以"宪头"下油镬滚匀，淋上鱼面，再加熟油、麻油拌食，其味清鲜，为夏令时菜之一。如无荷叶，鱼用滚水浸至仅熟，加"宪头"调味，或酸或甜随意。

炒生墨鱼——墨鱼又名乌鲗，鲜食鲜爽，干者炖汤，味亦香美。炒鲜墨鱼法：先将墨鱼开肚去清脏与膏（膏食能使人腹痛，须注意），洗净墨汁，然后将墨鱼斜刀切片。配料用咸菜梗或白菜梗、生蒜、笋、猪肉、香芹等切片，先行炒熟，随将生蒜下油锅炒香，再下墨鱼炒熟，加入配料、"宪头"调和上碟。

菜薳鲗丸——鲜墨鱼作丸，入口轻爽可口，配以菜薳数条，更增清甜之趣。但墨鱼做丸，必须用锤或棒将墨鱼捣烂成酱，才能松滑，如用刀斩，则硬实不佳。法为先将墨鱼洗净切碎，捣之成酱，随将鱼酱制成丸状，下上汤锅滚熟，再取白菜心或芥菜等菜薳数条，下锅同滚至仅熟上碗，加些麻油，味甚清隽。

炸墨鱼甫（脯）——炸鲜墨鱼甫甘香可口，以之送茶、下酒、佐膳，无不相宜；且携带便利，为旅行时野餐妙品。制法为先将鲜墨鱼肉捣成肉酱再加肥叉烧肉粒、火腿粒、打松鸡蛋和匀，制成饼状，下油锅文火炸至微黄为度，取起隔干油后上碟，以五香淮盐蘸食，或佐以麻油、浙醋、橘汁、芥酱等，无不佳妙；如佐茶食用，以烤香面包夹食亦佳。

红炖墨鱼——红炖墨鱼用鱼脯或鲜鱼均佳。鲜者须多炖，故

隔餐取食，更为入味。先将墨鱼洗净切开，以姜汁酒调匀，再将五花猪腩切件，用顶好豉油调匀，以武火烧猛油镬，先下蒜茸炸香，再下猪腩炒透，随下墨鱼兜匀，再加水浸过面为度，以文火炖之，浓郁香美非常。如用墨鱼脯，则先浸透，炖时下水较多。以之煮汤亦妙。

墨鱼菜汤——墨鱼与猪肉、白菜干同煲，为佐膳佳馔。煲法：先将白菜干、鱼脯分别浸透，再将墨鱼去骨，菜干切成寸长，再加猪豚肉或五花腩下锅同煲至烂熟。墨鱼、猪肉须待煲熟后切，以免味全炖出，嚼之无味。也有加陈广皮一小片同煲，则更醒胃芳香。

五香酥鱼——五香酥鱼食家每多制备，用玻璃瓶存贮，以应不时之需，以之下酒佐膳固美，以面包馒头夹食，也很有风味，也是野餐时的一种很好的食物。法为取鲩鱼肉切块，用生豉油、朱酱油、盐花及白糖少许调匀，腌四五小时，取起晾至半干，下油锅文火炸至呈黄色取起，加五香粉渗匀。

红烧鱼头——大鱼之脑，生成云状，含磷甚丰富，食之可以补脑益髓。鱼头红烧，可减其腥气，而益增美味。法以取大鱼头软边（即鱼脑最多之一边），切件，用姜汁酒、盐花调匀，再用鸡蛋打松，调和面粉或豆粉成糊状，将鱼头放入糊内调匀，油镬炸黄取起，再以猪肉、冬菇丝下镬炒熟，又以油镬炸香蒜米，即将鱼头配料加入葱花一同下镬，调以“宪头”炒匀上碟，再加麻油，则香滑可口。

鱼头云羹——先将大鱼头云下锅滚熟，去汤拆骨，再以熟油、顶好豉油、黄酒将鱼头云拌匀后，用草菇或蘑菇滚汤，临上碗时，再把鱼头云加入一滚，味亦甚鲜美。

鱼头云酒——鱼脑好处已如前言，以之炖酒，产妇、乳母作

为常馔，极为有益。法为用洗净大鱼的鱼头云以姜汁炒过，盛以瓦钵，加黄酒或糯米酒至八分满，再加川芎、白芷，盖好，隔水同炖。或以炒香黑豆饼加煎鸡蛋数个，以姜汁炒过鱼头，与酒一同下锅滚透取食，更为便捷。

按： 鱼头云做菜，应该算晚清民国的特色粤菜。但何为鱼头云，在吴慧贞这里就是鱼脑，《美味求真》的注者认为是“鱼头内近腮部一块白色像云一样的肉，以大头鱼的最佳”，显然偏了——脑内何来肉？《美味求真》存有一款“鱼云羹”，烹饪之法相似：“用大头鱼头云，先滚熟去汤拆骨，用熟油、白油、黄酒拌匀，用草菇放汤，后下鱼云一滚即上碗，味滑。”

鱼头云羹

炒鲤鱼子——鲤鱼之子味极甘鲜，但烹调时最要注意火候，因火力不足，则嫌生腥，过火则又成粗糙不嫩滑，炒法以仅熟为妙，烹调者不可不知。取鲤鱼子切开，用筷搅烂，再以鸡蛋数个打松，以盐花和匀，及将葱白切细加入，随将油镬武火烧红离火，即将鱼子下阴镬荡开，一见蛋质熟凝，即行炒转，如镬热或有不足，则再放慢炉火炒之，食时再加麻油及炸酥粉丝拌食。

（原载《家》1947年10月号第21期；第20期缺载）

蒸鲩鱼肠——鲩肠含油极丰富，味甚甘旨。择鲩鱼较饿者（肠不现黑色者），以刀通剜，刮去肠肉、胶液，再以刀连肝油切成小件，配料用打松鸡蛋三两个，油炸脍切碎，及盐花、生豉油、胡椒粉适量，再加热油一同拌匀，在饭面蒸熟，再加些麻油，腴美异常。

鲩尾笋汤——鲩尾嫩滑，煮汤鲜美，配以酸笋，更为醒胃。此味是夏令佳肴，用涤净鲩尾去鳞，下油锅煎透，淬以水，加生姜二片及酸笋同煮至熟，再加豆腐同滚，或加些丝瓜亦可。临食再加生豉油、麻油，汤作乳白色，甚甘美适口。

红炖鲩尾——红炖鲩尾为家常好菜，价廉味美，养料丰富。法为用鲩尾洗净去鳞，下油镬煎透，再以蒜米二粒打烂炒香，又将冷水浸甜之腐竹（即二竹），即下锅炖至烂，食时再加麻油少许。

炖文庆鲤——鲤鱼能补血，粤省肇庆所产的缩膊文庆鲤为最佳，其次则为长身海鲤公。它的鳃与鳞也有一种爽口的风味，故亦有不加除去而一同煮食者。炖文庆鲤之法：先将鲤开肚去脏，留其血液，下油镬煎透，配料用赤小豆及红枣数个，头菜一小扎，生姜二片，加水同蒸至烂熟，食时再加生豉油、麻油，或不

用赤小豆而改用浸透甜腐竹同炖，也别有一种风味。

红炖乌鱼——乌鱼又名山斑，肉滑味鲜，性最滋阴。红炖之法，先将乌鱼剜净，以打松鸡蛋和豆粉搅成糊状，即将鱼放入调匀，下油镬炸黄取起，配料用冬菇、肉丝炒熟，调以姜汁、糖、酒，同鱼炖至将透，再加葱花、麻油，和些“宪头”滚匀上碟。

乌鱼肉汤——将剜净的乌鱼下油镬煎透，淬以水，下配料草菇（洗净去沙）、肉片、丝瓜，滚透后再加入水豆腐，滚熟上碗，则汤白如乳，清甜鲜美异常。但肉片必须选用霉头肉，及以熟油、生豉油调匀下镬才滑，而豆腐也须俟汤将好时才下，始能免其粗老。

菊会花鱼——花鱼细小，去金鳞很难，可将镬烧猛，把花鱼放入，听它自行跳动，煎去鱼鳞，然后用水漂清，再用水滚熟取起，拆肉去骨，以黄酒、麻油、熟油调匀，再把配料腿丝、肉丝、香信、苔菜等炒熟后，再取蟹爪白菊花瓣洗净，摘去青蒂，连同鱼肉下镬，并加“宪头”滚匀上碟。也有不把菊花下镬同烩而鲜食的，但鲜食虽爽口而美观，不如滚过，以防微菌，较为安全。

带子猪蹄——带子是一种贝类的肉，状似瑶柱，但身较扁圆，味甘香而带有一种果酸美味，极为醒胃。这是粤省廉[1]北的佳产，与猪蹄同炖，浓腴非常。法为把猪蹄刮净切开，以油镬爆蒜米，将猪蹄炒过，随加些顶好豉油，取起，连带子盛于钵中，加绍酒二三两，隔水炖至烂熟。家常佐膳也有把带子煲猪肉的，味也很美。

①指廉江。

利显双重（又名“巧合和谐”）——此菜是粤东铺家元旦的佳馔，因菜中所用蜊蚬，谐音“利显”，口采吉利之故。它的制法：将蚬滚熟，取肉留壳，用鱼肉、猪肉斩烂，和豆粉、盐水、豉油，以筷顺向搅之成胶。再用腊鸭尾或火腿、虾尾、冬菇、冬笋、葱白、苔菜，都切成细粒，共同拌匀后，就把它嵌入蚬壳合拢，放锅上隔水蒸熟上碟，味甚鲜美。

清蒸土鲮——土鲮鱼以产于粤省顺德的最为肥美，以肉滑味鲜见称，任用何种烹调法，风味均佳，这是粤人独享的口福，但近来已有罐头制品，可以运销各处。清蒸土鲮之法：先将鲮鱼洗净削鳞及去鳃胆，盛于碟中。配料用红枣、冬菇、云耳、金针菜、正菜（即咸头菜）、葱白、猪肉，都切成丝，用熟油调匀，敷在鱼面，再以顶好豉油、熟油淋上，放饭面上蒸熟，则鱼滑甘美无比。也有不加配料同蒸，仅以捣烂的面豉酱将鱼涂匀，葱白切花，和熟油同蒸，味亦鲜美，这是家常佐膳的好菜。

（原载《家》1947年11月号第22期）

发财如愿——发财如愿一味就是发菜鱼丸，因为它谐音吉利，所以家常宴会多喜用它。在冬季，粤市有现成的鱼丸出售，以便购用，但原料不丰，不及自制者的好。法以取鲮鱼起肉，斩成肉酱，加些盐水，搅到起胶。配料用发菜洗净，以熟油揸匀，再用清水漂去油腻，挤干撕开，再用冬菰、虾尾、腊肉浸透切细，与鱼肉用筷搅匀，制成小丸。蒸熟后，如与菜薳滚汤，味甚鲜甜，或切开与菜薳同炒，则更爽脆异常。也有在斩鱼肉时加少许曹白咸鱼肉同斩，则更为鲜美。

香糟鲮鱼——鲮鱼鲜滑，已如前述，如以红色香酒糟同蒸，味益甘芳。法以去净鳞脏之土鲮鱼用布抹干水分后，以盐花擦匀

鱼身，放碟上，以熟油调匀，再用红酒糟敷面上，放饭面蒸熟，食时再加熟油。

腌煎鲮鱼——鲮鱼鲜食味固美，以之腌煎，也很甘香，且耐贮藏，可备作不时之需。它的制法：将鲮鱼去鳞及鳃脏，洗净抹干，在脊上厚肉直刻一刀，乃将盐花擦匀全身及肚内，然后把鱼叠在瓦盆内，面用荷叶或冬叶盖好，随用石压实，隔一夜取出，以熟水冲净，下油镬文火煎透上席。

香酱鲩（当为“鲮”之误）鱼——香酱鲮鱼是粤省顺德的名产，有特殊的甘香。它的制法：先将鲮鱼去净鳞脏，整条以盐花腌匀，叠瓦盆内，以石压实，腌至次日取起，以熟水冲净，用麻索穿鳃吊起，略晒至身爽，再用打烂蒜米与豆酱同捣烂，下油镬炸香取起，加入五香粉搅匀，涂于鱼上，里外擦匀，再晒至八、九成干，以沙纸封固，挂在厨中近火气处，随时取用。食时将鱼洗过，加熟油蒸食。但鱼勿晒得太干，过干则肉坚实而味不佳。也有用甜酱、蒜米捣烂，加入盐花同腌，用石压实，腌两天后才晒，则又是一种风味。

按： 顺德鲮鱼，民国时期风行粤沪，是最具特色的粤菜之一，至今仍是顺德菜馆的招牌菜——且不说入席必点的粉葛鲮鱼汤以及顺德鱼饼、酿鲮鱼，即便甘竹牌鲮鱼罐头，也风行不衰，在上海四大百货公司都是热销商品，如大新公司就大做广告："广东豉汁土鲮鱼一元两听，广东油浸曹白咸鱼两听一元一角。"（《时报》1937年6月26日4版）

早年，北京大学著名教授黄节（顺德籍）就曾深情吟咏故乡这一名菜："客厨自有烹鲜计，不及乡风豉土鲮！"唐鲁孙民国年间吃过的上海秀色大酒楼的一款"玉葵宝扇"，可谓最具传奇色彩的土鲮鱼菜肴。它里面隐含了一个凄美的故事，说是有一位罗公子，有一柄传家宝扇，能起死回生。恰巧有一天罗公子的未婚妻在溪畔浣衣，不慎失足落水而亡，罗公子亲摇宝扇，一日一夜终于救回。顺德人喜欢用清蒸鱼类下饭，如果用新鲜土鲮鱼跟上品曹白鱼同蒸，一鲜一咸香味交融，就如同故事里罗公子救活未婚妻，故名"玉葵宝扇"。如此蒸出来的鱼，红肌白理，令人胃口大开，不负美名。所以，杂佾的《岭南食品：鲮鱼、彭蜞子》，便写尽其对鲮鱼的莼鲈之情，十分感人："余广东人也，旅沪已十余年，于广东土产中，最爱食者为鲮鱼与彭蜞子……余十余年来，鲜者不得食，常有弹铗之叹，唯亲友中有知我之所好者，腌以寄余，亦慰情聊胜无耳……古人当秋起则忆莼鲈，兹者阳和景明，鲮鱼、彭蜞子已上市矣，思之不可复复得，余草此篇，而不禁饶涎垂三尺也。"（《申报》1926年6月11日）

吴慧贞女士此处介绍了好几款佳品，今日多有不闻，而从菜谱收集整理角度，也正见其可贵。

回到广州，还有一款上汤（鲮）鱼面，乃孙科的最爱，系广州北园酒家"鱼王"骆昌的独创。其制法是先用新鲜鲮鱼打成

上汤（鲮）鱼面

鱼胶，用蛋白拌匀，挞透，蒸熟，再切成面条样烩上汤，爽滑清甜。北园酒家后来的掌门大厨，顺德籍的黎和大师，也利用鲮鱼改制出了一款经典名菜：他把北园传统的家常名菜“郊外鱼头”里的豆腐用鲮鱼腐来代替，一时身价倍增，一举成为北园的十大名菜之一。这鲮鱼腐，可是顺德的传统名菜，乐从鱼腐至今仍是顺德的金牌菜式。

1927年初，鲁迅先生到广州中山大学任教，出身高门大户的未婚妻许广平，最佳赠礼之一却是土鲮鱼——“1月24日：广平来并赠土鲮鱼四尾，同至妙奇香夜饭。”“30日：广平来并赠土鲮鱼六尾。”（《鲁迅日记》，人民文学出版社1976年版，第544页）

原籍广东，北京出生、上海生活，曾出任伪职的柳雨生，也即后来移居澳大利亚的汉学大家柳存仁，1942年回到广州，却对家乡菜并不怎么感冒，倒是对土鲮鱼情有独钟：“土鲮鱼的味道极佳美。”（柳雨生《赋得广州的吃》，《古今月刊》1942年第7期）

如此名声显赫的妙品，远在北平的谭家菜谱中没有，广州本土的《美味求真》是不会没有的，而且这一款“酿鲮鱼”，也可谓现在顺德招牌菜之一的酿鲮鱼的先祖：“大鲮鱼成条削去鳞，在肚偷清肉起骨，用猪肉、鲮鱼同琢极幼，和盐水搅起胶后，用虾米、脆花生肉、香信、葱白切幼粒，齐和匀酿入鱼皮内，装回原条鱼大，放在油锅煎至黄色取起，加黄酒、白油拌食，味美而雅。”还有一款“蟹翅丸”，也是要用鲮鱼的：“先将鱼翅滚烘，蟹拆肉用鲮鱼起骨皮琢极幼，加豆粉、盐水搅至起胶后，下鱼翅、蟹肉、香信、肥肉和匀作丸，筛载住蒸熟取起候冷，加芡头在锅滚匀上碗，味爽甜。”

菜肴之外，民国年间西关桨栏路口的味兰粥店制作的一味菊

花鲮鱼球粥，土鲮鱼味正鲜甜，加入秋季开放的菊花瓣，色香味堪称一绝，耸动食肆，历久不衰。

鲮鱼既有这么多的做法，足见其味道之美与顺德人嗜爱之深。鲮鱼味道之美，馋煞江南人，顺德人便出来安慰说：“近来已有罐头制品，可以运销各处了。”这是晚清民国的时候。而最早的鲮鱼罐头的记录是1897年4月4日《申报》的一则广告——《虹口路同协成启》：“本号新到广东罐头鲮鱼、鲜嫩竹笋、白雪澄面……”这也是广东食品工业化的一个可知的记录，也可视为“食在广州”发达的一个表征。如今，各式鲮鱼罐头，尤其是甘竹滩的鲮鱼罐头，仍然风行海内外，足见其永恒的魅力。

今天的顺德厨师，又不断推陈出新，而且精益求精。代表性的一款鲮鱼新菜是八宝酿鲮鱼，那可是让民国的食家恨不得长生不老以求尝的。其做法高难度，要先把鲮鱼的骨、肉取出，而皮相完整。将取出的鱼肉与诸般佳料和制成鱼滑，再酿回鱼皮囊中，又成一条完整的“鲮鱼”。如此煎或者蒸出来，那敢情就是“八仙鲮鱼”了。在款式上，现在也比民国时期更繁复多样；顺德厨师协会会长罗福南先生说，他们可以用鲮鱼做出一百三十多道菜，是超标准的百鱼宴。顺德著名女厨师“奶奶群”吴旺群，当年参与制作的鲮鱼宴，还上了中央电视台；留存下来的菜谱可见一斑：锦绣拼盘（蚬蟹鲮鱼饼和葱蛋煎鲮鱼肠拼侨社招牌鸡）、发财鲮鱼羹、肖蒸大鲮公、碧绿炒鲮球、家乡鱼酿鱼（即酿鲮鱼）、翡翠炒绉鱼卷、迎来鱼米乡（鲮鱼青鱼子）、鲮鱼（骨）上汤时蔬等。

九龙海鲜食谱

姖燕

九龙濒海，产鱼虾甚多，鱿鱼、刀鱼，尤脍炙人口，鱿鱼以烧食者为香脆可口，首用刀切成骨牌片，盛于器内，酱油老酒浸渍之，少加姜汁，辟除鱼腥，经一小时之久，再以暖锅注水，调剂五味，加麻油香葱之类，煮至大沸以成汤，食时用筷夹鱼一块，浸于热汤中啖之，甘脆无比。昔渊才五恨，鲥鱼其一，刀鱼之美，有过鲥鱼，而骨之细且多，则倍屣焉。煮刀鱼法，将鱼洗净，以橄榄汁涂脊骨上，将脊鳍刺入锡锅盖上，锅中盛好酒少许，酱油等物作料，文火烧之，则鱼肉尽落锅中，略和芡粉使成糊浆状，并以香蕈、鲜笋片加入，然后盛入盘中蒸熟，复加红汤，味殊鲜美，更无骨鲠之患矣。

（选自《总汇报》1939年12月9日5版）

粤人春馔

摒秀

海鲜中有大虾一物，来自粤之潮汕，为食品中佳肴，抑亦目今应市之隽品也。凡过虹口北四川路一带，叫售喧声，不绝于耳，粤人极喜食之，称谓春馔，与夏秋鲥蟹冬蛇，并为四时珍馐。居常制法：以煎虾碌（碌者块也），或炒虾片为多，未烹之先，宜断去须足及尾，更将脊部之黑肠剔尽，褪其壳，然后始适于口，间有以之混入稀饭（齐）煮，厥名。好尝新者，每思一染指也。

（选自《上海日报》1931年5月15日3版）

最好家常食品：粤鲞食谱

一勺先生

愚于食品，最嗜鱼，除河豚鳗鲤外，无鱼不食，若一一论述？非数千言不能尽，今试述小吃中之鲞鱼。

鲞鱼有鲜鲞、咸鲞之别，咸鲞又有南北洋及广东曹白鲞之分。苏浙人士，惯食北洋咸鲞——味胜南洋——清炖、红烧、酣煮、熏炙——即是子鲞——无一不佳，诚一价廉物美之家常食品也。吾邑相传有一贫士，无力茹荤，每餐仅俱菜羹一盂，儿辈苦之，乃县一咸鲞于壁，诏儿辈曰："手挥双箸。目送悬鲞，见其形而思其味，饭自下咽矣。"试之，果然，慧哉贫士，此孟德，望梅止渴法也：吾人身处孤岛，时值非常，不能辟谷，无法送穷，唯有效法贫士，望鲞佐餐，舍此别无良图，然而鲞鱼印象之深，魔力之大，即此可见一斑矣！

曹白鲞，为粤南特产，风味尤胜普通北洋鲞，粤式菜肆，每喜油烹——鱼尾尤胜中段——以松脆胜，但只宜于粥，而不适于酒、饭，盖太咸也。愚于曹白鲞嗜之成癖，目为家常饭菜唯一隽品。食法亦昉自粤人，非油烹而系红蒸，切猪肉成脍——须肥多于瘦，方能腴美——和以多量之酒与糖，略加酱油，佐以葱姜，在饭锅或沸水滚汤——蒸之，饭香鱼熟，趁热下箸，美不可言。孤岛食品，不特米珠薪桂，即菜蔬亦有金枝玉叶之慨，日耗不

赀，难得美味，天下无如吃饭下箸，而不稍□吾于粤鲞，可谓有特嗜矣！抑粤鲞之风味独绝，有以致之耶。

粤人烹鲞，如苏人蒸鲥鱼然，不去其鳞，以为去鳞，鲜味即减，其实不然。愚于鲥鱼，未尝去鳞试食，故无经验可言，若曹白鲞，有鳞无鳞，初无轩轾，尝同时蒸同式两簋，一有鳞，一无鳞，风味固未稍殊也。

曹白鲞，购自三大公司，及广东商店，有整条及瓶、罐——切块储于生油中——三种。自粤垣被炸，广九路损，沪上粤货，售价骤昂，曩六七角一尾者，今昂至一元矣。倘更加昂，即不适于家常经济条件，真将望鲞助矣矣，嘻！

（选自《锡报》1938年9月8日3版）

粤菜谱最大的特点之一是生鲜。生猛海鲜当然是生鲜，但直接生吃，更加生鲜，尤其是鱼虾生吃，更为早年内地人所不敢想象。所以，搜罗鱼生食谱，最能见出粤菜精髓的方法之一。

菊花与鱼生

偶忆

菊花可餐者为甜白菊一种。《离骚》所云：“朝饮木兰之坠露兮，夕餐秋菊之落英。”即此种甜白菊也。按甜白菊，甘凉清利头目，养血息风，消疔肿。点茶蒸露酿酒皆佳，唯粤人食鱼生之时，用之作香料如用葱芫荽之属。又有食鱼生粥，亦加菊瓣作香料者，味极隽永。按鱼生食法，多数用生鲩鱼切成薄片，以熟油、麻油、肉桂麻、芥末、胡椒末、花生末、柠檬叶丝等拌之，然后用白萝卜切丝，略加红萝卜丝、茶瓜条、姜丝等为配菜，以大盘盛之，将拌好之鱼生平铺于配菜之上，食时则聚众生食之，以下热酒，甘滑非常，颇为一般老饕所称道，每当秋令，粤人食此者綦众，他省人则多以其生食而不敢下箸。

（选自《中国商报》1939年11月20日6版）

广州之鱼生

月旦

近见广州地方，禁食鱼生，虽不得谓之焚琴煮鹤，然亦可算少见多怪矣。盖广州之鱼生，为食品中之美者，每至八九月间，秋风既起，菊花上市（广州地暖，各花早放，故八月已有菊花），则市上均出售鱼生。所谓鱼生者，不仅鱼一味而已，必有佐品，如菊花、萝卜、海蜇等，约十余种，共争细丝，鱼则切成薄片，加以麻油、酱油等类，更有一种薄脆（系油炸者，专为食鱼之用），共同拌匀而食之，鱼仅十分之一而已。然一盘之代价，须五角起码，或至一二元，视物之多寡而定。如沪上等处，秋日则群思食蟹，彼处之蟹，常供肴馔，不专在秋日，故秋日之食鱼生，犹江南之食蟹耳。江浙人视食鱼生为奇，不知粤人之视食蟹，亦觉其奇也。余在粤亦偶食之，唯不常食，且食鱼生后，必须食粥，度不致患（病）。潮州亦食鱼生，其食法又与广州不同，盖潮州之鱼生，只有鱼一味，不加佐品，胃强者可食至七八碟，且潮人兼喜食生蚝（状如宁波之蛎蝗，特较大），余则不能食也。杭州亦有鱼生，然食者不过一小碟，食锴鱼者往往有带柄一语，所谓柄者，即鱼生也。

（选自《上海报》1936年10月8日7版）

鱼生

岭南鱼生粥

西水浒

鱼生粥是广东人特有的食品，稀饭煮成粥，切鲜鲞鱼片，透明光滑，薄似璃纸。食法有二：一种是先将鲞片加少许酱油、葱花、姜丝，放入碗内，冲沸粥倾入，热粥热熟鱼片，片片白色卷起，食之脆甜味鲜；一种是将鲞鱼片放在碟里，注些熟花生油，姜丝、葱花都有，沸粥一碗，而后三二片随时用筷子挟起浸入粥内煲熟，这样吃起来较前一种更脆滑鲜美，且粥不会像前一种因鱼片浸粥内过久，致松断不成片。

广东人的习惯，早晨多到粥店去吃一碗早粥，好像西洋人早晨食牛奶咖啡的习惯一般。鲜鲞鱼粥是脆甜，广东吃海鲜，需讲求鲜味，味鲜而后能甜，鱼片太熟了，反而失了鲜甜味，必须火候适当，仅仅够熟，就可以保持鲜味。

鱼生粥之入诗集，也是广东诗人的风物之一，我们采得共七首，兹录出来给爱吃鱼生粥的人们欣赏吧：

《鱼生粥和鹤舟四首》，光绪南海伍元葵作："微醒卯酒罢辰壮，泼剌翻波解网忙，张翰银丝休作脍，王维玉液漫夸浆。桃花共煮情偏艳，梅蕊同熬味转长，鲜甲几层疑欲动，齿牙七日尚余香。""屑桂叟姜又一时，啖同野鹤亦称宜，他朝暑雨应忘渴，此日秋风更有思。赤鲤堆盘餐最妙，白虹入室饮何奇，啜来漫笑双弓米，玉尺金梭作意炊。""休嗤嗟办难工，欲向庐放借钓筒，螃蟹何堪谈夜月，蛤蜊空自笑春风。鲜调香稻箱鳞白，艳趁银花雪粒红，井吸庐陵回味美，化来蝴蝶莫匆匆。""平章三

种漫相夸，沙绿偏惊味莫加，红树半江秋欲买，黄粮一碗梦全差。书来枉寄相思字，饮去犹轻绝品茶，风味淞江都入妙，何须仙子煮胡麻。”

《咏鱼生粥》，道光南海罗廷琛作：“红肌叠谷净于揩，动桂鸣姜取次排，莫羡莼鲈风味好，桃花煮粥荐鲜鲑。”

《鱼生粥限九佳韵》，光绪南海何秀棣作：“张翰思归意未谐，莼羹空复动秋怀，曾知细脍调香糁，味比桃花粥更佳。玉缕银丝品自佳，功调水火味偏谐，何须寒食饧萧卖，早起香风遍六街。”

伍诗见《月波楼诗录》（卷四），罗诗见《诵芬堂诗草》，何诗见《瘦园诗草》（卷下），三人的诗可供我们考察清代广东鱼生粥的特色。伍诗“桃花共煮情偏艳”，罗诗“桃花煮粥荐鲜鲑”，何诗“味比桃花粥更佳”，可知从前的鱼生粥有用桃花共煮的，现在已失了这雅艳了。而且诗人要抬高鱼生粥的诗意，有“风味淞江都入妙”“莫羡莼鲈风味好”“莼羹空复动秋怀”，他们把鱼生粥来作岭南的莼鲈之思了。诗人对于吃鱼生粥的艺术，更从味感上去体会，“鲜调香稻霜鳞白”“红肌叠谷净于揩”“曾知细脍调香糁”，那香味食过牙齿七日留香，早晨行街上过，香风拂回扑鼻，另有一番回味。

（选自南京《工商新闻》1948年第95期第7页）

鱼生粥

早晨的鱼生粥

广东人是以食著名的，单讲到粥已经有不少的种类，无论鸡鱼鸭肉均有，况且一天里早上下午和晚上粥的种类也因时而异，在早上呢，大约总是鱼生粥最多。现在我想说的是鱼生粥，在每天早上你们如果在北四川路虹口一段，或东武昌路一带走走，许多卖粥店的牌子接触眼帘，牌子上尤其注目地写了“鱼生粥”三个字，价钱大约没有什么高下，普通是分一角半、二角两种，有几间也有二角半一种，价目上的差别，只是量的不同，粥的味道是一样的。一碗粥大概有四五片猪肝、四只肉丸、四五片猪粉肠，此外又有几片腰花、一只半熟的蛋，还有四五片生鱼片，另外用一只小碟子盛了，预备食时才放到粥里的，因为鱼片容易熟，太熟了便不好吃了。此外还有切碎的油条葱花等，一碗粥有了这许多配料，实在是很丰厚了，况且粥的本身已经很鲜美，再加上许多鲜味的东西，更加有说不出的美味。现在天气渐渐凉了，在早上食一碗粥，实在是一种很好的晨餐呢。

（选自《电声日报》1932年8月24日4版）

粤味小确幸

『广州是在很热的南国，所以广东的吃食，在热天吃起来是很有趣味的，我最喜欢吃的是伦教糕，冷冻冻吃下去真舒服。』

茅根水

及第粥

清炖北菰

八宝蛋

牛奶西米冻

广东凉糕

伊府凉面

粤东小食谱

式如女郎

惠州山水清腴，夙有灵秀之称，故其土产特丰美，而最挂人齿颊者，厥有三焉。一为菜脯，产南坑，以最小萝卜整个腌之，味绝甘，可下茶，可下酒，价值至廉。一为麦芽糖，以麦制之，色洁味甘，且有香蕉之味，隽品也。一为糖柚皮，其味之佳，几不可以言语形容，齿决之余，几不辨为何物，唯叹奇绝而已。至若霉（梅）菜虽属本土产，固不及斯三者也。

（选自《社会之花》1925年第13期）

广东“甜品”，制法精巧，尝试过的人，必保留良好的印象。

不久以前，记者和冼冠生先生坐谈，当时款我以饮食部制造的粤点，口味之佳，深得轻巧凉爽的诀门。（并非广告）明知冼先生是从小做起的企业人，各事抱实践主义，所以记者请他，公开制法了，在此长日炎炎、饭量锐减的时间，这几味点心，当然能深符诸君的理想。

伊府凉面——这几天来的衖角街头，正是冷面摊的旺盛期，上中阶级恐怕他们制造的不清洁，往往敢望而不敢即，实际上大小家庭，都可自加仿制，何用外求。

原料：鸡蛋面（兴华公司出产者最省事），熟油（不论菜油、生油、豆油）、叉烧、鸡丝、姜丝各少许，酱油、醋、辣油。

制法：先将面投入沸透的镬中，少顷即撩起，不可过生过熟，须懂得“透”“快”的秘诀。撩起后待其略冷，敷以熟油，然后摊开，使风吹冷。吃的时候，配以上好酱油、醋或辣油，叉烧丝、鸡丝（或肉丝、肉松、火腿）各少许，至于姜丝或葱丝，其分量与去留，以各人的口味作标准。

出壳绿豆沙——绿豆沙带壳，滋味至少要受着影响，说是用

手去壳吧，手续又非常麻烦，那末，怎样补救？方法并不困难，只要特制一尖顶的洋铁锅盖，旁开一洞，“豆壳”感受水沸推动，就令流出洞的外面来了（如恐防透气，可覆一小杯）。绿豆最好能洗净，浸过一夜，然后混合陈皮和冰糖尽量地煮，待绿豆变成糊状，就可以取食了。

岛津凉粉——广东四会县，特产一种凉粉草，据说有促进健康的功效，就用它来作主要的原料的。凉粉草洗净以后，和着糯米粉合煮至完全溶化程度，再置在盘中，使其遇冷凝结（或置于冷霜），然后划成小方块，和糖油食之。

广东凉糕——凉糕质地透明，滋味香甜，真是夏令的绝妙点心，它有柠檬和橘子的分别，那是所用果汁的关系。粟米粉和着清水同煮，形成浆糊的状态时，那就配上果汁（柠檬或橘子任使），再加白糖，放入冰箱，或在透风处，使其凝成固体，如讲求美观，可在吃的时候，切成方块。

牛奶西米冻——“西米”在沪人广东杂货店家可购得，制法亦不难，先将西米在清水中浸三十分钟，用白糖共同煮至沸（水不可多），成浓厚的状态，倾入各种的模型（如无是项设备，可用茶杯代替），然后置于冷箱，使其冷冻，食时可倒入盘中，旁浇罐头牛奶，风味颇觉特殊。

（选自《食品界》1933年第4期）

牛奶西米冻

按： 早些年笔者在南都写饮食专栏时，曾以民国时期为例，撰《广式月饼甲天下》一文，颇获读者点赞，今日回想，因为篇幅所限，实证材料尚嫌不足，今日单从月饼的谱录或名称角度，稍加辑录，即足证之，且对今日月饼制作与销售启迪良多。

（广州）涎香茶楼（广州永汉路）： 合桃丹凤月、杭仁莲蓉月、宝鸭穿莲月、五仁罗汉月、金华火腿月、凤凰西山月、银河映秋月、榄仁椰蓉月、火鸭鸳鸯月、南乳香肉月、金凤腊肠月、东坡腾皓月、金银叉烧月、杭仁豆蓉月、玫瑰上甜月、上豆沙肉月、什锦上咸月、上品果子月、莲子蓉月、芬芳椒盐月、五仁香月、豆沙罗汉月、五仁咸月、豆莲罗汉月、豆蓉肉月、冰片莲蓉月、豆沙肉月、冰片豆蓉月、豆蓉素月、莲蓉素月、双凤莲蓉月。

（广州）宜珠茶楼： 珠江同赏月、珠海团圆月、珠光秋夜月、珠圆玉润月、七星伴月、烧鸡吐凤凰月、鸡油双凤月、挂炉烧鸭月、红烧乳鸽月、金银鸭腿月、冬菇腊肠月、西湖燕窝月、五彩凤凰月、银河秋夜月、杏蓉蜜月。其余什么甜肉、咸肉……和涎香的一样从略。

（广州）拱北楼：拱北光明月、五族共和月、蚝豉肉月、上品栗蓉月、枣泥贡月、物色皮蛋月、冰皮五仁月。其余和涎香、宜珠相同的，也从略。

（广州）南如楼：南如贡月、鸡蓉蘑菇月、银河夜月、西施酥月、蚝黄夜月、西湖莲子月、宝鸭穿莲月、椰丝肉月、人物五彩月。其余和上边相同的，从略。

（广州）品南楼：银河秋夜月、西湖醉月、冶容蛋黄月、鲜味风肠月。其余和上边重的，不述。

（广州）奇香斋：云开明月、唐皇燕月、冷容酥月、鲜奶杏蓉月、枣泥时月。其余同名称的，又略。

（广州）梁广济：冬瓜糕月、蚝黄贡品月、鲜莲桂子月、黑麻蓉月、白麻蓉月、金银腿月、莲子腊肠月。其余和以上重的，再略。

（刘万章《广州月饼的名称》，《民俗》1928年第32期）

（上海）安乐园酒楼：安乐岁月每座三十元，幸福岁月每座十元，流霞醉月每座五元，团圆好月每盒一个二元，胜利日月每盒二个一元，珠江夜月每盒四个一元，三潭印月每盒四个一元，蚝黄肉月每盒四个八角半，金腿肉月每盒四个八角半，蛋黄莲蓉月每盒四个八角半，银河夜月每盒四个八角半，莲蓉肉月每盒四个八角，莲蓉素月每盒四个八角，冰皮莲蓉月每盒四个八角，蚝豉肉月每盒四个八角，鸭腿肉月每盒四个八角，枣泥肉月每盒四个七角半，枣泥素月每盒四个七角半，麻菇净素月每盒四个七角半，冬菇素月每盒四个七角半，苏蛋肉月每盒四个七角，五仁咸肉月每盒四个七角，五仁甜肉月每盒四个七角，豆蓉蛋黄月每盒四个七角，香蕉肉月每盒四个七角，椰丝肉月每盒四个七角，豆

沙肉月每盒四个五角半，豆沙素月每盒四个五角半，豆蓉肉月每盒四个五角半，豆蓉素月每盒四个五角半，冰皮豆沙月每盒四个五角半，冰皮豆蓉月每盒四个五角半。

（《安乐园酒楼月饼品名价目》，《申报》1927年8月28日第19版）

怡珍茶居：本号制各款广东月饼价目列左——胭脂花饼、宫笔花饼，以上每斤洋三角；金腿肉月、椰丝肉月、莲子肉月、枣泥肉月、飘香桂月、芽蕉酥月、玫瑰酥月、菩提酥月、桂花酥、金腿福酥、如意寿酥、鱼翅贡酥、蚝豉肉酥，以上每盒四个洋二角五分；五仁甜肉、五仁咸肉、蛋黄肉月、豆沙肉月、豆蓉肉月、五仁素月、椒整素月、梅菜素月、五仁上品、白肉月饼、冰皮锦月、莲子肉酥、丹桂圆酥、白绫鹤酥、五彩蛋酥、红绫肉酥、豆蓉肉酥、一品高酥、鱼云肉酥、枣泥卷酥、金钱肉酥、麻脆香酥、大菊花酥、玉环实酥、蛋黄肉酥、栗子松酥、茶薇肉酥，以上每盒四个洋二角；豆沙素月、豆蓉素月，以上每盒四个洋一角八分。

（《怡珍茶居中秋月饼》，《申报》1888年9月2日第6版）

广州夏令食谱

老伯

广州是在很热的南国，所以广东的吃食，在热天吃起来是很有趣味的，我最喜欢吃的是伦教糕，冷冻冻吃下去真舒服。以前在苏州，只有广南居一家有得出售，迟一步去便买不着，和叶受和的小方糕一样出风头。

到了上海之后，伦教糕到处都有卖，而且其他有味的食物很多，广东馆子小食店开了不少，那（哪）一家不是在把“吃在广州”的秘密，公开给上海的吃客。

凉茶、冬瓜水，是广东人最喜欢吃的，虽然吃上口有些淡而无味，但是很合卫生，不论天怎样热，走得汗流如雨，喝一杯下去，有益无害，比冷茶、冰水要有益多呢。

杏仁茶是用杏仁去衣磨烂冲茶的，味甜，可以止咳化痰。杏仁糊是用杏仁和米放在陶器盆里用木杵磨细，便成糊状。芝麻糊是用黑芝麻做的，制法和杏仁相同，可以利大便。

红豆沙、绿豆沙是用赤豆、绿豆放在沙罐里焗熟，加广东冰糖，这冰糖的味儿甜香如蜜，非普通者可比。

凉茶里面加有药材，可以避役辟暑，强身健体。广东人居家，常冲午时茶或甘露茶的。

在粥里加着鲜荷叶、赤小豆、白扁豆、川萆薢，食之可以去

湿去暑，同上海人吃绿豆粥一样，是热天的食物。

广东冬瓜连皮，切成小块，加广东大头菜少许做咸料，油、酱油均不用，煮汤烧四五小时，色带红黄色，其味鲜美，亦有解暑去湿之功，但上海冬瓜，其味不及广东之佳。

在热天，广东人大多吃食咸鸡、冲（葱）拌鸭、姜芽鸭片、凉瓜牛肉，以上都可以加咖喱或是西红柿。吃鱼，名叫不见酸，或是五柳居的可口，读者倘若上广东馆子，不妨点一只试试。

（选自《现世报》1939年第65期，原题《夏天广州吃》）

八宝蛋

老残

上次谈过贵州的八宝鱼，现在来说广东的八宝蛋。

八宝蛋虽然说是广东的名菜，不过也是普通的菜肴，制法也很便当，说穿了并不稀奇。

先将鸡蛋数十枚（十枚也可，因为三五只制此菜不合算），将每个蛋尖处打破一小洞，使蛋白、蛋黄流出，蛋壳则保留，以后有用，然后将所有之蛋白、蛋黄混合，加入酱油、味精之作料，再以肉丝、大葱、虾仁、虾米、大椒、鸡片等与之拌和，用小匙将蛋与八宝之混合物灌入每个蛋壳，将壳上以洞用油纸粘闭放入水中煮沸后，再将壳剥去，则成美味之八宝蛋矣。

广东某地制八蛋宝更新奇特别，将猪尿泡（猪膀胱）一只洗净后，将蛋黄、蛋白及八宝混合物灌入，使成大球状，再将猪泡口扎紧，放入沸水煮熟，将猪尿泡割破后，则成一大如肉球之八宝蛋，食之更觉有趣。

（老残《吃经》之七，选自《东南风》1947年第47期）

八宝蛋

闲评食谱中的“潮肉松”

在下

食谱小菜中有一样“潮肉松”，因其发明在广东的潮州，故此名之，市上称为福建肉松，其实不然，此种碟菜，原只可供粥菜或小吃时之用，一如京剧中凑热闹的跑龙套，殊鲜价值，倘逢喜庆大宴，或招待外国贵宾，用作正菜献上则必为宾众所鄙视，将被讥为川中无大将，廖化作先锋。

可是，此菜虽不登大雅之堂，而存（成）本至大，着实要些油水，供其吸收，所以开始烹制时，发令第一道，先要扩充工具，多置大小不等锅子。有问，现有锅子，犹嫌锅多菜少，安用再添？幕中人曰：锅子既多，才能得心应手，如玩把戏者。一套一套又一套，竭尽煎熬炸泡抽吸油水的能事，至于攸关老板血本，招致物议等等，概可不管，盖其本系无骨无心灵的吃品，只要本身浸得肥，凭幌子混得过，管它社会上笑骂不笑骂！

讲到制成它的肉料，倒并不一定要纯洁白嫩，即使制不成他菜的废肉，也可烧制，因烧制时须先切成细粒，再用酱油煎炒，于是本色已变，难于辨认，况今之世人都带有色眼镜视物，甚易混目，不看挂羊头卖狗肉的，遍地皆是，算不得是稀罕。

（选自《春鸣报》1942年1月19日第3版）

及第粥馄饨面

乐志

记者曩日里门有宝记店沽面馄饨，营业虽小，著名于左右邻里，事属人为，于此益信。该店早晨沽鱼生及第粥，以猪肉粥每大碗起码铜钱十二枚，鱼生及第粥铜钱三十六枚；午沽炒切面、放汤切面、猪肉馅馄饨，余无他等食品。其配面材料（俗谓面码）系用顶上头抽豉油卤猪肉丝一种，他如鸡鸭鱼片等，均不配售。面汤亦用顶上头抽豉油，加以新鲜炼猪膏作配，并不搀集[①]猪骨，更无今日所谓之味精，此汤颇觉可口。炒切面以卤猪丝为码，每卖鲫鱼一百二十枚。放汤切面为楼面，起码一十五枚，加馄饨名为芙蓉面，铜钱二十四枚，最多之值每碗三十六枚，系芙蓉加马（即多加卤猪肉丝）。粥面馄饨既佳于味，取价亦廉，故每早午外卖门市，纷至沓来，且亦无小账名目，直可称为正式平民化也。

从前归德门内（俗名为老城）马鞍街富香早粥面食店，其猪肉粥为人称可口，甚至城外人士不惮遥远而求其朵颐，因此之

①即搀杂。

故，座客常满。最能吸引客者，系有一伙伴每晨未明而起，专司煲粥，正式明火，熬煮得宜，俟粥上市为事毕销差，宁可有余剩，断无加开水以欺惠顾座客，极为人士信重，非浪得名者可比。唯有一习惯趣事，知者亦众，可称为特别广告。以入座后，堂倌有问，即答云食铜钱二十枚之碎猪肉粥（此等粥名为街坊粥，谓加重材料优待邻里所设）。迨堂倌送粥至座，再着伊取大鱼生片一碟（鱼生片有大小碟之分，大碟铜钱一十六枚，小铜钱八枚），粥与鱼生铜钱三十六枚，实胜食铜钱三十六枚之及第粥，缘及第粥只多猪肝或猪腰数片，而鱼生已减用小碟，且猪肉搓为一团，不及碎猪之丰富。此等无形招徕，似更胜近日沽香烟之加送赠品。唯近时长堤早粥等店，与富香相较，想自哙以下亦不敢称谓也。

馄饨粤垣有两派，城隍庙外江扁食，及三楚馆等，皆系不用蛋打薄皮，以入口软滑易化为胜。其非此派之茶面点心店，暨曩日之馄饨面担最有名者，若胡翠记、光记，皆以用蛋打厚皮而略带韧性驰名。各从所好，唯记者则嗜厚皮者。往时广（光）孝寺两廊有只卖馄饨无切面者（记者久已未游该寺，未审尚如故否），皮薄如外江派，有油炸、放汤两款，均加有鱼生片，或猪肝、猪腰、芙蓉蛋等，茂名可称为及第馄饨。有刘伶之癖者，多数赏识油炸馄饨。炸馄饨则以薄皮为佳，故游广（光）孝寺，实无有消遣之处，其注重者食馄饨而已。

滑猪肉汤面，本属极普通之品，记者自得赏马鞍街秀馨居所制者后，他处与及长堤各茶点面食店，求稍能与其并肩者，竟如凤毛麟角。查他家之滑肉汤面，只切熟猪肉数片，加于汤面上，虚应事故而已，实无特别制法。唯秀馨则不然，以加蛋银丝面为底，用精猪肉切为极薄片，以竹笋片、草菇先煮汤，后加薄片肉仝煮，以仅熟为度成灯盏形，即将此等原料为面汤，其味焉得不可口。且取价亦廉，每碗小洋半毫，今日在面食店求之，大约小洋二毫毛亦难得此佳味，虽属生活程度高所致，想亦嗜此者鲜焉。

切面馄饨汤水在考究者，今日尚注重以顶上头抽豉油，加新鲜炼猪膏，不搀集猪骨等为佳味，老法不变，味精更不肯用，据云汤以清而有味为上，若搀集他物，虽浓厚而失真，非用作切面及馄饨汤云云。

（选自《粤风》1936 年第2卷第4期）

清炖北菰

志远

早几日在某一次饭菜中，偶然尝着一味清炖冬菰，这使我不得不手痒来写这篇东西。

“清炖北菰”是味很普通的家常美肴，似乎无庸我来饶舌。不过，“功夫人人有，妙处不相同”，这便使我有冒昧来谈一谈这一“卖野”哩。

在平常的便饭中，在盛大的宴会中，我常常会尝到这一味。但总使我觉得有点不满足似的，总觉得那圆大惹人爱的北菰，没有发挥其固有的特色似的，这也许是我的偏见。

清炖北菰的制法——其步骤第一步是将北菰浸在冷水里，加些靓酱油下去，然后将白糖和生油加到那碗酱油水里去，所加下去的数量，并没有一定。为什么要加白糖去浸呢？因为北菰为一种菌类，其味本带涩，故加甜质于其中，以减少其涩味，且菌类为一种下等植物，易含有微生物，糖有杀菌之功能，也许可以藉此来预防它的毒罢。把北菰浸透之后，那么开始要动手烹调了。除了主要成分北菰之外，尚须加以陪客。炖北菰必须落猪网油，其次则落猪肉圆或肉片或虾肉等均可。但牛肉则切不可落。此外，尚须加以鲜百合，但海上鲜百合，其味带苦，则可代以荸荠，先以猪网油与北菰放在烧红的锅里“起镬”，再加姜汁酒。

最好能于这时加以少许蒜头，这也是取其能消毒而已，别无其他用意也。继之就加水和配菜——则肉圆与百合荸荠等炖之。不过，最要紧的是不要忘了将那浸了冬菰的酱油汁倒到汤里去，因为这是它的全部结晶呢。炖的时间，切不可太久，太久冬菰便不爽脆与香甜了。“冬菇“是这样的，在沸汤里滚上两滚时，其香味最盛，而肉也最爽脆。我们所以欢喜它也正因为这两种特有性质。所以，我们切不可炖得太久。若怕北菰不滑可用微粗的瓦器将其顶略加以摩擦工夫，则其结果必使人感到有玉液琼浆亦不过如是之概矣。

烹饪之法，确非笔墨所能解释得清清楚楚的，而且我只是坐井观天地来写我的文章，也许这是太平凡了，还望饮食专家不惜而加以教正，幸甚，幸甚！

（选自《粤风》1936年第2卷第1期）

燕鲍翅参肚传奇

『在生猛海鲜不易得的早期，鲍参翅肚乃四大海味名产，尤以翅和鲍最为粤菜代表，北平谭家的翅席，广州大三元六十元一味的群翅，都是最佳的说明。』

清汤广肚

腿烩鲍丝

酿海参

心印良缘

沙锅鱼翅

清炖鱼翅

红炖群翅

粤东名贵的筵席，必须具有鲍参燕翅，才算上乘，因这种菜被公认为滋补珍品。因鱼类肉质含有磷、铁、蛋白质等以及各种维生素，且于肠胃消化吸收比其他肉类容易，所以在营养上，鱼类是有很高的地位的。粤席惯例，席单与出菜次序，又必以鱼翅一味为先，据近来科学家证明，鱼翅含有百份之八十三以上的蛋白质；而粤法的烹调，更加以肉类精制之上汤，再三煨脍，它养料的充足，可想而知，推为席上首珍，确不是没有来由的。现在我也依粤席惯例，以鱼翅列前，更以鱼翅居首。

红烧生翅——在以鱼翅做菜之前，先得一述漂洗之法，因为鱼翅是沙鱼[2]的干翅，必先经煮洗，方能应用。其法为先将原翅下锅，加些柴灰和水滚数次，然后捞起原翅，刮去皮沙（洗刮时须小心，勿使翅针散乱，成只上碗才美），如未净，则再滚再刮，俟刮净后再用清水滚透，取去翅肉，净留翅针，再滚

①节选自吴慧贞《粤菜烹调法》之“菜式分述”。
②即鲨鱼。

一次，随放在冷水内浸，宜勤换清水浸透，务使灰味漂清，然后始可应用。

红烧生翅之法，把漂清生翅用上汤煨三次，首次下些姜汁、绍酒和葱白二条，以去原翅腥味，煨透取起，去汤，随用净上汤再煨两次，务煨至极脸，翅始入味，而易消化。翅煨好后，取起成只上碗，再以上汤加些蚝油、调薄之“宪头”淋上，或加些火腿细丝在面，则味美甘芳。上翅时必须以浙醋一二小碗同上，以备食翅后以汤匙饮少些，以助消化，又令口味香和，唯切不可以醋放翅内，以免夺翅之原味，而失其腴美，这是食家的经验。

蟹钳生翅——用漂透生翅，如前法以上汤煨三次至极脸后，上碗时用蟹钳拆肉同会，以蟹垫底，上面加火腿上席，其味鲜美而清爽。

蟹黄生翅——漂透生脸，以上汤三煨生翅后，上碗时加蟹膏，调薄“宪头”在面，其味鲜美甘香。该菜又名“大展宏图”，用于开展筵席，以讨吉利。

（原载《家》1947年1月号第12期）

鸡蓉生翅——漂净生翅以上汤三煨至烂取起，用鸡胸肉去皮斩肉如细酱，用些豆粉、猪油拌匀，以上汤和搅稍稀，先下上汤于锅，收慢炉火，不可使汤滚沸，然后下鸡茸即兜匀，淋上翅面，或连翅兜匀亦可，但鸡茸以九分熟为度，若滚至十分熟，则老而不滑，并且生渣，此物全靠火候恰好始佳，应加注意。

红炖群翅——将洗净漂透之鱼翅，出水去腥，在食先一夜以成只翅同精熬上汤以炭火炖一宵，食时去汤渣上碗，汤中精液，饱吸翅中，此为食家之家常制法，美味滋补兼而有之。

炒芙蓉翅——鱼翅漂透去腥后，用上汤煨至极烂，取起去

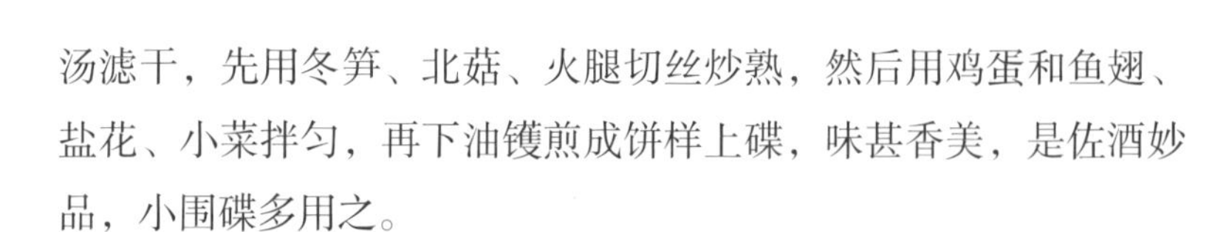

汤滤干，先用冬笋、北菇、火腿切丝炒熟，然后用鸡蛋和鱼翅、盐花、小菜拌匀，再下油镬煎成饼样上碟，味甚香美，是佐酒妙品，小围碟多用之。

按：鉴于民国文献中谈鱼翅者固不少，提及做法的实不多，不妨把唐鲁孙先生《食在北平》中关于民国北平福寿堂的翠盖鱼翅的做法附赘于此："他们是选用上品小排翅，发好，用鸡汤文火清炖，到了火候，然后用大个紫鲍，真正云腿，连同膛（剀）好油鸡，仅要撂下的鸡皮，用新鲜荷叶一块包起来，放好作料来烧，大约要烧两小时，再换新荷叶盖在上面上笼屉蒸二十分钟起锅，再把荷叶扔掉，另用绿荷叶盖在菜上上桌。"如此，"火功到家，火腿鲍鱼的香味全让鱼翅吸收，鸡油又比脂油滑细，这个菜自然清醇细润，荷香四溢，而不腻人。"但实在太复杂，以至于只能当做招牌使：一年做一次，供老板招待老主顾或贵宾，因此，"恐怕吃过的人还真不太多"。（唐鲁孙《中国吃·吃在北平》，广西师范大学出版社2004年版，第3—4页）

唐鲁孙还说与北平谭家菜齐名的谭延闿家厨的鱼翅，也源自广东："谭厨的红焖大篾翅（又叫排翅）是他的主菜，有人说，畏公一生尊荣富贵，绝不会用不起上品鱼翅，而用竹篾做板，夹成排翅，若知道真正红焖鱼翅，虽然是少不了火腿、鸡块、鲍鱼三类东西助味。可是整盘鱼翅，讲究满帮满底完全是鱼翅，不见其他助味的材料，才是珍品。所以什么火腿、鸡块、鲍鱼跟鱼翅一样，都是竹篾夹起来烧，等到了火候，所有火腿、鸡块、鲍鱼等一律夹出，全不上盘。有人说谭府的下饭菜有了火腿、鸡块，那准是畏公大宴宾客了。谭文勤公宦游粤南多年，曹厨的鱼翅做法是以岭南焗焖为经，淮扬煨炖为纬，再掺糅谭氏两代熟烂唯上，助味无杂、无上的心法。因此谭厨的红焖大裙翅，除了深秋宴客改用蟹粉鱼翅外，鱼翅端上桌来，只见针长唇厚，满满一盘鱼翅，别无杂菜。等鱼翅入口，那真是味厚汁浓，称得上甘肥膏腴，浓郁淋漓，唇舌胶结。座上宾客，无不交相赞誉，夸为神

品。”（《天下味·湖南菜与谭厨》，广西师范大学出版社2004年版，第145页）

再按： 在生猛海鲜不易得的早期，鲍参翅肚乃四大海味名产，尤以翅和鲍最为粤菜代表，北平谭家的翅席，广州大三元六十元一味的群翅，都是最佳的说明。故吴慧贞在此一气详列了八款翅食谱，加上后面介绍的“珠联璧合”（即翅丸芥菜），则多达九款，迤今亦少见。与之相较，《美味求真》只列出三款半，而且做法甚简略，一是炖鱼翅：“先将原翅下锅加些柴灰和水滚数次取起，刮去沙，如未净再滚再刮，俟清楚后换水滚过，取起去肉，净翅又滚一次，下山水冷浸之，勤换水浸至透，必使其去清灰味，然后下汤煨三次，煨至极煁上碗，底用蟹肉，加些火腿在面，味清爽。”二是炖群翅：“用原只小翅出水照前法，心机更多，使其成只上碗勿使散乱，此灰味难免去些，多滚两次为佳。”三是芙蓉鱼翅：“鱼翅出清水去灰味，用汤炖至极煁取起，去汤格（隔）干，冬笋、香信、火腿切丝先炒熟，用鸡旦（蛋）数只和鱼翅、盐花、小菜拌匀，下油在锅煎如饼样上碟便可。”至于蟹翅丸，只能算半款：“先将鱼翅滚煁，蟹拆肉用鲮鱼起骨皮琢极幼，加豆粉、盐水搅至起胶后，下鱼翅、蟹肉、香信、肥肉和匀作丸，筛载住蒸熟取起候冷，加芫头在锅滚匀上碗，味爽甜。”

又按： 谭家菜最具象征性和代表性的菜也是鱼翅。邓云乡的《谭家鱼翅》（《云乡食话》，河北教育出版社2004年版）甚至说谭家菜之兴正在于“鱼翅会”：“谭瑑青先生穷了，才想出的办法，叫如夫人赵荔凤女士当（掌灶），大家凑分（份）子，一

起吃谭家的鱼翅席，开始还都是熟朋友，后来才有不认识的人辗转托人来定席……大概直到解放前，也从未公开营业过。”这时朋友们凑钱按期到他家吃鱼翅席，每人四元，名叫“鱼翅会”，着实能帮上忙；为了凑够人数，还亲自邀同乡、辅仁大学校长陈垣“加盟”。

> 援庵先生：久违清诲，曷胜驰仰。傅沅叔、沈羹梅诸君发起鱼翅会，每月一次，在敝寓举行。尚缺会员一人，羹梅谓我公已允入会，弟未敢深信，用特专函奉商，是否已得同意，即乞迅赐示复。会员名单及会中简章另纸抄上，请察阅。专此，敬颂着安。祖任再拜。（一九二七年）一月二日。
>
> 会员名单：杨荫北，曹理斋，傅沅叔，沈羹梅，张庚楼，涂子厚，周养庵，张重威，袁理生，赵元方，谭瑑青。

并申明：“定每月中旬第一次星期三举行。会费每次四元，不到亦要交款（派代表者听）。以齿序轮流值会（所有通知及收款，均由值会办理）。”

而从陈垣信中“在广东人间颇负时名”一语可知，谭家菜是得到了广东人的高度认可的，说是“食在广州”的代表并不为过。而每位四元每席四十元的鱼翅席是个什么档次呢？邓云乡先生说：鱼翅是比较贵重的海味，过去北京各大饭庄最讲究吃鱼翅，所谓“无翅不成席”。尽管如此，一般的鸭翅席，即既有鱼翅羹，还有沙锅全鸭，也只需十二元，即便在东兴楼、丰泽园这些一流饭庄子吃高级的“红扒鱼翅”酒席，也只需二十元，四十元一席已比大饭庄子贵出一倍多了，而且还一月只办一次。则不仅昂贵，还来个“饥饿营销”，令很多人想吃而不得，甚至遗憾

一辈子。比如中国历史地理学的奠基者之一谭其骧教授，就是其中的一个，他在给邓云乡先生《文化古城旧事》所做的序言中，缅怀春明旧事，还把这件憾事写了进去。谢国桢先生倒托尊师傅增湘的福，得以多次侧身其间，因为傅老作为鱼翅会的发起人之一，掌握每次出席的情形，出现空缺，反正钱都交了，拉上弟子侍座，何其美好！故谢刚主先生后来便常常跟他的弟子如邓云乡等说起——真是难忘，又怎能忘怀！

其实，终民国之世，鱼翅都是广东菜的最佳代表。梁实秋先生《雅舍谈吃·鱼翅》说与谭家菜齐名的谭厨的代表菜也是鱼翅，也渊源于广东："最会做鱼翅的广东人，尤其是广东的富户人家所做的鱼翅。谭组庵（延闿）先生家的厨师曾四做的鱼翅是出了名的，他的这一项手艺还是来自广东。"自称土老儿的上海名记、名作家、名教授的曹聚仁则最震惊于广东餐馆之鱼翅："广东馆子'大三元'，对我这土老儿'如雷贯耳'……五十元一味大排鱼翅，当然把我们吓住了。其实，大三元的大排翅，还不及郑洪年先生家厨子做得好，也不及张大千先生家的排翅。"（《上海春秋·新雅、大三元》），而郑洪年与张大千，渊源仍在广东。郑作为上海暨南大学的创始人，也是一个地地道道的广州人，因此就自不待说了。张大千的好鱼翅，则是从北京的广东谭家而起的。据说他好谭家的招牌"黄焖鱼翅"好到瘾上来了，便托人从北京谭家取了刚出锅的鱼翅，即时空运至南京；在那年头空运，可稀罕着啦。在这种风气之下，粤餐馆几乎无翅不开店，宴客者"也莫不以鱼翅为主要之品，其价每碗自十元至五十元；十元以下，不能请贵客也。"唐鲁孙先生则从另外一个角度反衬广东菜的鱼翅之美："北平饭庄于整桌酒席上的鱼翅，素来是中看不中吃的，一道菜，一个十四寸白地蓝花细瓷大冰盘，上面整整齐齐铺上一层四寸来长的鱼翅"，煞是

排场，但“凡是吃过广府大排翅小包翅的老爷们，给这道菜上了一个尊号，称之为怒发冲冠”。

又按： 彭长海《北京饭店与谭家菜》（经济日报出版社1988年版）也说谭家菜以燕窝和鱼翅的烹制最为有名，烹制方法即有十几种之多，如“三丝鱼翅”“蟹黄鱼翅”“沙锅鱼翅”“清炖鱼翅”“浓汤鱼翅”“海烩鱼翅”等，而以“黄焖鱼翅”最为上乘。并特别介绍了谭家菜鱼翅的原料及涨发加工方法及过程。鱼翅种类很多，如黄肉翅、皮刀翅、裙翅。种类不同，发制方法也不尽相同，如不同品种，发翅的水温就不能一样。谭家菜一般均选用一种产于菲律宾的黄肉鱼翅“吕宋黄”，这种翅中有一层像肥膘一样的肉，翅筋层层排在肉内，胶质丰富，质量最佳。发制时，既要保持翅形的完整，又要将沙完全洗净。黄鱼翅的发制方法是，将鱼翅放入开水中煮2—3小时，取出后，继续用开水焖泡，待水凉后，即初步发好鱼翅，可存放冰箱中待用。做鱼翅菜时，取出初步发好的鱼翅，先剪去鱼翅的薄边，将鱼翅放入桶锅内，注入开水，上火煮10分钟，再离火闷泡，待水凉后，取出鱼翅，用小刀刮去沙粒；洗净后放入温水内，上火煮2小时左右，将鱼翅捞入温水中搓擦，去净表面的一层沙粒和灰黑色薄膜，去骨并剪去边沿的腐烂部分，用清水洗两遍，再换开水焖煮两三个小时，此时鱼翅即已发透。将鱼翅捞入清水中冲泡去净腥味。再用凉水浸泡数小时即可使用。在发制鱼翅时，要注意不可使用铜、铁容器，否则，翅身上会发锈变色，影响质量。在用凉水冲泡时，注意不要将翅形冲破冲散；在褪沙和去骨时，操作要细心，切勿将翅形弄坏，要保持翅形的完整和美观。彭书还介绍了十款鱼翅菜谱。

第一款是黄焖鱼翅。主料：水发鱼翅1500克；配料：母鸡二只（均2500克）、鸭子一只（约1000克）、干贝100克、火腿肉50克；调料：白糖25克、淀粉5克、味精1.3克（可不用）、盐2.5克、鸡油50克。制作方法：将用水发好的鱼翅，即水翅，整齐地码放在竹箅子上（此时水翅重量约1500克）；将干贝用温水泡开后，用小刀去掉边上的硬筋，洗去表面的泥沙，放入碗中，加适量的水，上笼蒸透，取出待用；将火腿肉5克切成细末，待用；将火腿肉45克切成薄片，待用；将两只母鸡、一只鸭子宰后煺尽毛，由背部劈开，掏出内脏，用水洗净血污，待用；将水发鱼翅连同竹箅子放入锅内，将洗净的鸡、鸭放在另备竹箅子上，然后压在鱼翅上面，将葱段姜片也放入锅内，注入清水，用大火烧开后，滗掉水，去掉葱段姜片，以去掉血腥味；注入锅内4千克清水，放入45克火腿肉片和蒸过的干贝（余下的汤备用），用大火煮15分钟，撇尽沫子，再用小火焖爆6个小时左右，使锅内的汤浓缩到1千克左右；这时下火，先将鸡、鸭、火腿、干贝挑出，拣净鸡、鸭的碎渣，取出鱼翅（连同竹箅子）待用；将焖炸鱼翅的浓汁倒入煸锅内，烧热，再把鱼翅（连同箅子）放入煸锅，煮1小时左右（此时也用微火）。然后加入清汤及干贝汤，用火煮开，放入鸡油、糖、盐，煮2—3分钟，使其入味后，取出放在平盘里，将鱼翅翻扣在另一盘内；将锅内的鱼浓汤汁放入少量水淀粉，收成浓汁。这时，将浓汁浇在鱼翅上面，撒上火腿末，即成制好的黄焖鱼翅。确实，如此用料上乘，做工精细繁复，烹出来自然"翅肉软烂，金黄透亮。柔软糯滑，味极醇美。"

第二款是红烧鱼翅。主料：水发鱼翅1.5千克；配料：母鸡3千克、鸭子1千克、火腿100克、干贝25克；调料：酱油7.5克、白糖7.5克、盐7.5克、清汤250克 ，葱段、姜片、料酒少许。制

作方法：将鸡、鸭宰后去尽毛，均由背部劈开，掏出内脏，用水洗净血污；干贝用水泡开，去掉边上的硬筋，洗去表面的泥沙，放入碗内，加适量的水，上笼蒸透。取熟瘦火腿10克，切成细末待用；将水发鱼翅用凉水洗去细沙，除去烂肉，整齐地码放在竹箅子上，放入锅内，倒入清水，上火烧开，再用小火煮2至3分钟后，把水滗掉，加入清水再煮、再滗掉，如此反复两三回，再加入清水和葱、姜、料酒，上火烧开，用小火煮3至5分钟，仍将水滗掉，使鱼翅去净腥臭味。然后，在鱼翅上面再放上一层箅子，扣上一个合适的圆盘，放入鸡、鸭、火腿，加入清水4千克上火烧开后，撇尽沫子，放入葱、姜，盖上盖，先用大火煮15分钟，再用小火㸆6小时左右。待鱼翅焖透后，先将鸡、鸭、火腿等料取出，挑净鸡、鸭碎渣；然后，将鱼翅取出，放入煸锅内，加入清汤和蒸干贝的汤及盐、糖、料酒，烧2至3分钟，使鱼翅入味。上菜时，将鱼翅取出翻扣在盘内，将煸锅中的肉汁收浓浇在鱼翅上，撒上火腿末即可。特别需要注意的是，烹制鱼翅时，水要一次加足，焖㸆过程中不得开盖续水，这样才能确实保证菜肴的原汁厚味。一般制作1.5千克鱼翅，一次放足4千克水，焖好后，锅中剩下750克。这样焖㸆出来的红烧鱼翅，金黄透亮，汁浓味厚，软烂滑糯，鲜美适口。

第三款是三丝鱼翅。主料：水发鱼翅1千克；配料：水发海参250克、罐头鲍鱼33分之1桶、冬笋50克、老母鸡3千克、填鸭1千克、火腿150克、干贝25克、鸡汤1千克；调料：白糖10克、盐13克、味精、水淀粉、鸡油、猪油、葱、姜少许。制作方法：将海参抠洗干净，鲍鱼撕去毛边。把海参、鲍鱼、冬笋均切成细丝。干贝去掉边上的硬筋，用水洗净泥沙。将宰好的鸡鸭用开水汆透捞出，用水洗净。干贝放碗内加入150—200克凉鸡汤，上

笼蒸烂取出，滗出原汤待用（光用汤）。锅底垫入箅子，把发好的鱼翅放入，上面再放上箅子，将鸡、鸭、火腿、葱、姜放在上面，加入3千克清水。用大火烧开后，再用小火㸆，直到把鱼翅㸆烂为止。冬笋、海参、鲍鱼丝分别用开水氽透捞出，锅内水倒掉，然后放入鸡汤，把冬笋、海参、鲍鱼丝倒入，烧开后加入料酒、盐、白糖、味精，略开片刻，对好味，用水团粉勾芡，淋上鸡油，先盛入盘内。锅洗净上火，把烧鱼翅的汤过罗倒入锅内；把鸡、鸭、火腿去掉，将鱼翅连箅子一起放入锅内，倒入干贝汤，加入料酒、盐、白糖、味精，用微火略烧片刻，使鱼翅入味，然后把鱼翅取出翻扣在盘内三丝上。锅内的汤对好味，用水淀粉勾薄芡，淋上鸡油，浇在鱼翅上即成。

第四款是浓汤鱼翅。主料：水发鱼翅1千克；配料：老母鸡2千克、填鸭750克、干贝25克、火腿100克；调料：盐12克、白糖10克、料酒、味精、水淀粉，葱、姜少许。制作方法：将宰好的老母鸡和鸭子用开水氽透，捞出洗净。干贝剥掉硬筋，用水洗净。干贝、火腿各加鸡汤150克，分别上笼蒸烂取出，滗出汤待用。取铝锅或白瓷桶一个洗净，底部垫上箅子，把出透水的鱼翅码在箅子上，然后放进锅内或桶内，上面再放上一个箅子，把鸡、鸭放在箅子上，加入清水2.5—3千克。上火烧开后，撇尽沫子，放入葱、姜，盖好盖，用小火炖之。待5至6小时后，鱼翅炖烂即端离火口，打开盖取出鸡、鸭，将鱼翅取出放在一盘内，汤过罗后放入煸锅内，再将鱼翅倒入锅内（去掉箅子），加入干贝和火腿；上火烧开后加入盐、白糖少许、料酒、味精，用小火略煮3—5分钟，再用水淀粉勾稀芡，盛入小汤碗内上桌即可。

第五款是鸡丝鱼翅。主料：水发鱼翅1250克；配料：净鸡脯肉250克、鸭子750克、老母鸡3千克、净火腿150克、干贝25克、

红焖大篾翅

鸡蛋清一个；调料：盐12克、白糖10克、料酒、味精、鸡油、淀粉、猪油、鸡汤、葱、姜少许。制作方法：将鸡脯肉去筋皮切成细丝。取25克火腿切成细丝。鸡、鸭由背部劈开，掏出五脏，用水洗净。葱切长段，姜拍破。干贝去掉边上的老筋，用水洗净表面的泥沙。将宰好的鸡、鸭用开水汆透捞出，用凉水洗净血污。干贝放锅内，加入适量的水，上笼蒸烂取出，滗出汁。把出好水的鱼翅连箅子一起放入锅内，上面再加一个箅子（光用汤）。把鸡、鸭和火腿放在上面，加入葱、姜，放清水3千克，用小火煮烂。将鸡丝用鸡蛋清、盐、料酒、味精、团粉调匀浆好。鸡丝用猪油滑透倒出，然后在锅内加入500克鸡汤，把滑好的鸡丝倒入，加入料酒、盐、白糖、味精略烧片刻，对好味，用水淀粉勾芡，先盛入盘内。另外把焯好的鱼翅取出，锅内汤过罗（箩）再把鱼翅下锅，加入干贝汤、料酒、盐、白糖、味精，用小火略煮片刻，将鱼翅入味，将其取出翻扣在盘内鸡丝上。锅内汤用水淀粉勾稀芡，淋上鸡油，浇在鱼翅上即成。

第六款是蟹黄鱼翅。主料：水发鱼翅1250克；配料：净蟹黄250克、鸭子750克、老母鸡3千克、净火腿150克、干贝25克；调料：盐12克、白糖10克、料酒、淀粉、味精、葱、鸡油少许。制作方法：将鸡、鸭由背部劈开，掏出五脏，用水洗净血污。葱切长段，姜拍破。干贝去掉边上的硬筋，用水洗净表面的泥沙。蟹黄如有大块用刀剁碎。将鸡、鸭用开水汆透捞出，用凉水洗净血污。干贝放碗内，加入适量的水，上笼蒸烂取出，滗出待用（光用汤）。把出好水的鱼翅连箅子一起放入锅内，上面再加上一个箅子，把鸡、鸭、火腿放在上面，加入葱、姜及清水2500—3000克，用小火㸆烂。待鱼翅㸆烂后，分别取出鸡、鸭、火腿、葱、姜、鱼翅。这时另取一个锅上火，注入50克鸡油，把蟹黄下锅略

煸片刻，即把㸆鱼翅的汤用罗过于锅内，把鱼翅连箅子一起放下去，加入料酒、盐，白糖、味精，用小火略煮10分钟左右取出，将鱼翅翻扣在盘内，锅内的汤对好味，用水淀粉勾稀芡，淋上鸡油，倒在鱼翅上即成。

第七款是干贝黄肉翅。主料：干黄肉翅1千克；配料：香管干贝50克、老母鸡25千克、填鸭1千克、火腿150克、干贝25克；调料：糖10克、盐12克、料酒12克、淀粉、葱、姜、味精少许。制作方法：将干黄肉翅加开水下锅，用大火煮1小时，再用小火煮1小时，离火后在原锅中泡3小时，取出去沙，再用冷水洗一次。把洗后的鱼翅温水下锅，用大火煮沸，改小火㸆4小时取出，放在温水盆里剔去翅骨及烂肉，然后用凉水泡3小时。将泡过的鱼翅换水上锅再煮沸，以翅的老嫩，先把嫩的取出，放凉水盆中剔去翅脆骨，老的继续煮，直到煮软，去净脆骨为止。然后，入凉水泡1—2小时，换凉水洗净。把洗净的鱼翅再下锅用小火煮4小时，离火浸泡7小时。取出后洗一次，再用凉水泡3小时。用火煮沸，去净异味、细沙、碎骨，再用冷水洗三次。将鱼翅摆在竹箅上，上面再盖一竹箅，放在搪瓷锅内（锅底放四根竹筷子，以免鱼翅煳锅），上面放鸡、鸭的净肉和火腿、葱、姜，浇入凉水3千克，用大火煮沸，转用小火6小时，剩下750克的汤留用。干贝去筋洗净，加入100克鸡汤上笼蒸2小时，抓碎。走菜时，将㸆好的鱼翅连箅放入双耳锅，再将炼好的汤倒入锅内，滚煮10分钟加入调料，然后带箅取出鱼翅扣在圆盘中，去掉竹箅。将汤放进干贝煮沸，用淀粉调成浓汁，浇在鱼翅上，再撒少许火腿末即成。

第八款是清炖鱼翅。主料：水发黄鱼翅5500克、雏母鸡750克；配料：老母鸡2.5千克、干贝150克、火腿100克；调料：糖15

克、盐20克、葱、姜、味精、料酒少许。制作方法：将水发好的鱼翅用大火煮两次，洗两次，去尽异味。把雏母鸡去内脏及头、爪，洗净，用开水汆一次。将干贝和火腿分别装在碗中，各加鸡汤少许，上笼蒸30分钟，取出干贝、火腿，其汁待用。将宰好的老母鸡用小火煮成1.25千克鸡汤。将去尽异味的鱼翅和汆过的雏母鸡装入一品锅内，然后放入鸡汤，再放葱、姜，加少许盐、糖、味精、料酒，盖上盖，上笼蒸4小时。取出葱、姜，再看味是否正，酌情加入味精及干贝火腿汁。

第九款是鸡茸鱼翅。主料：水发鱼翅1千克；配料：老母鸡2.5千克、火腿100克、干贝15克、填鸭1千克、鸡蛋清1个、鸡脯肉4条；调料：糖10克、盐12克、料酒、淀粉、葱、姜、味精少许。制作方法：鱼翅上火之前用开水汆一次，用凉水洗净，摆在竹箅上，上面再盖一个竹箅，放进搪瓷锅，箅下垫竹筷子四根，以防煳锅。箅上放鸡、鸭、葱、姜、火腿，再放2750克凉水，大火煮沸，转用小火焯6小时，恰剩750克汤。干贝洗净放在碗内，加100克鸡汤，上笼蒸1小时，其汁留用。将鸡脯肉剁成鸡细泥，随剁随加蛋清，制成鸡茸。将燶好的鱼翅扣入盘中，取出其汁，下入双耳锅内煮沸，加淀粉、调料，调成浓汁，再放鸡茸，随放随调，沸后加少许干贝汁浇在鱼翅上，再加火腿末即成。

第十款是沙锅鱼翅。主料：水发鱼翅750克；配料：老母鸡2.5千克、填鸭500克、火腿150克、干贝15克；调料：糖10克，盐12克，葱、姜、味精、料酒少许。制作方法：把发好的鱼翅用开水汆二次，洗二次，去掉异味，放进搪盆，再将宰好的鸡、鸭用开水汆一次，装在盆内，上面加火腿姜、料酒，再放1千克凉水，上笼蒸3小时，取出拣去葱、姜、鸭、火腿，再换用砂锅，盖上盖，用小火燶2小时。将干贝洗净，加少许鸡汤上笼蒸30分

钟，其汁留用。将㸆好的鱼翅再加调料，放少许干贝汁、火腿丝即成。

上列十款，在数量上超过了吴慧贞，做法上也有其特点，只是不知哪些是沿袭自民国特别是谭瑑青夫妇在世时的菜谱，哪些是后来发展创新出来的；至少从其多用味精，即可分明见出是后来的“新意思”。

又按： 据《金岳霖回忆录》（北京大学出版社2011年版，第104页），至少解放初期，国宴都是以鱼翅席为主：“现在主要的席看来是鱼翅席，在（20世纪）50年代或60年代我所参加过的国宴，差不多都是鱼翅席。”

又按： 戆叟《珠江回忆录》（六）《饮食琐谈》（续）（《粤风》1935年第1卷第5期）对广东鱼翅烹饪的变迁有独到的说法，认为从前都是用熟翅，直到一个潮州籍厨师出来，才改造成后来通行的生翅烹饪法。

荷包生翅——沪埠粤人酒楼有些称谓，其他酒楼多名为排翅。大约烹饪煨汤，则大同小异，而形式则各具巧思。所谓荷包翅者，以其形若每件去衣之沙田柚。内含浓汁，用箸夹之不破，入口则软滑甘腴。其味佳美难以名状，有清炖、红烧之分。唯以食毕，而所盛翅之簋无余汁点滴为贵，故又名收汤翅。至未制为柚肉形者，烹调尚易，则统称为生翅焉。

查从前广州姑苏酒楼所烹饪之鱼翅，系用一种熟翅（有专以生干鱼翅，洗净去沙煮熟晾干，然后沽与酒楼者，名为鱼翅店）为原料，味不甚鲜。自逊清咸丰季年陈厨子发明，自将生干翅洗刮去沙，即行煨汤，是为荷包翅之嚆矢，迄今数十年尚

蜚声不坠，现目只闻有生翅之名，而熟翅则淘汰将尽，陈之魔力可谓大矣。

陈系潮州人，为某宦之厨司，佚其名，或以陈厨子，或以潮州陈呼之，有巧思，善揣摩某宦心理，其烹饪所用原料，无非山珍海味，亦非异人者，而一经手调，即特别精妙可口，宦素具讲究食家之名，乃独赏识于陈，每食非陈烹调，几不能下箸，虽日食万钱，亦所不吝。由此陈厨子之名大著，宦场中人，宴上官嘉宾者，非声明借重陈厨子帮忙不为欢，亦不成为敬意。宾主赏赉优厚，陈亦藉此积蓄成家，然衣服尚具工人本式。时届冬令，间穿狐裘（当时工商界所御裘多属红狐爪为趋时）窝龙袋，“对开衿窄袖短褂”向不穿长衣，唯出入则二人肩轿代步，人亦不觉其傲也。

某宦去粤，陈以所蓄营肆筵堂酒庄于卫边街，其门面仿北平老式饭庄建筑，租赁一回字门口（俗称谓，略似沪之石库门口）大厦，入门即睹收钱银帐柜台及厨灶，自称为杂架酒楼，不知是何取义。不入姑苏酒楼同行公会。其燕席中不独荷包翅与熟翅大有分别，甚至寻常冷素荤围碟点心，亦另具巧思。当时边卫街、司后街、后楼房一带均属衙署公馆荡子班。“女优演堂戏兼侑酒清唱，恍若北平之像姑，谙普通方言，招待客极其殷勤周到，与珠江名花异。宦场中人酬酢趋之若鹜。额廉访下车示禁，致仕去粤，死灰复燃。张南皮督粤始行严梦境净尽。”肆筵堂地介其中，大有应接不暇之势。续后同兴居、一品升、贵连升等，随之蠭起，宦场中人固以其地址相毗连，且亦合口味，远而至于南关西关（俗以城外之称），殷商富户宴客，若非杂架燕桌，暗讥以为主人不知味也。

光绪中叶后，四关泰和馆文园等崛起竞争，记者已客苍梧，

不甚明了其真相，唯合肥傅相督粤，则贵连升烹饪佳妙，风靡一时。迨至岑西林督粤，声誉尚炽如故。记者间由梧返里，亲友设筵相邀，多数以贵连升燕席招待，舍近在咫尺之泰和馆等，致记者未得啖尝其烹调，至今尚不敢评以月旦。岑当时提倡，宴会除冷素荤转碟点心外，其肴馔不得过十簋，以为廉俭由伊作始。记者所赴亲友之宴，虽系海碗荷包生翅，其余则九大碗，贵连升价目已非二十金不能问津矣。倘用大翅改代包翅，需加二十金。只用大翅一海碗三十金。人谓岑实导人以奢侈之渐，缘十六簋均皆上选之品，价目焉得不昂。斯亦岑始料所未及也。

当时巡警道王某厨司，有易牙之称。岑西林宴客每借重代办。时记者友人与岑之要人某后补道同秉造币厂提调员差，厂离督署匪遥，加以厅事轩豁爽朗，面对荷池，傍布假山流水，泉声淙淙，极得自然之乐，人与地均皆岑所赏识，故僚属宴岑者，非借座造币厂厅事，借用王巡警道厨司制菜，岑几不乐赴。间稍酩酊之际，辄对僚属发言，谓愿当造币厂提调，不羡两广总督之语，闲情旷逸，趣语横生。记者系得之友人所传闻，且岑又嗜食蛇，以久膺疆寄之大吏，而竟为乡邻广州风俗所诱惑，注重于食，谚云食在广州，洵非虚语矣。

王道厨司亦粤人，曾习杂架酒楼手势者，故王道道署中食客常满座。记者友人公暇约数友访王留晚膳，肴只六簋，且无燕翅等贵重品，乃烹调佳美，一汤一汁之微，其味均皆可口，同座极快朵颐，赞不绝口。次日偶语帐房，问及昨夕一席之需，所费十八金，不觉矫舌，计思六簋平均，每簋不过三元，较之目今百金一翅，八百金一翅桌，则又觉小巫见大巫焉。

光绪二年左右，一品升等燕桌，以四冷素荤、四热荤、四水果、四京果、四糖果、点心两度、八大簋（内含海碗荷包生

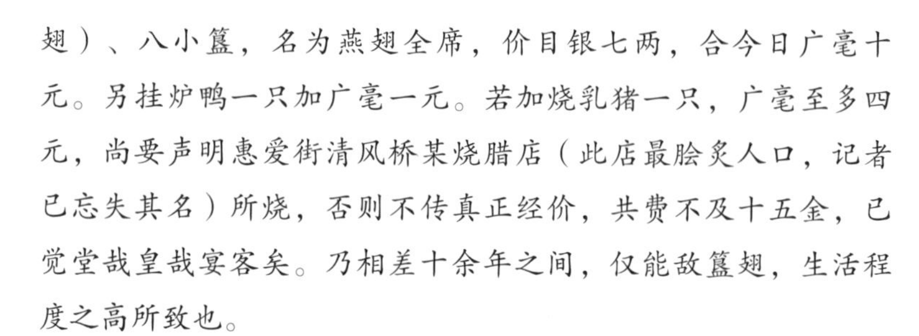

翅）、八小簋，名为燕翅全席，价目银七两，合今日广毫十元。另挂炉鸭一只加广毫一元。若加烧乳猪一只，广毫至多四元，尚要声明惠爱街清风桥某烧腊店（此店最脍炙人口，记者已忘失其名）所烧，否则不传真正经价，共费不及十五金，已觉堂哉皇哉宴客矣。乃相差十余年之间，仅能敌簋翅，生活程度之高所致也。

此后姑苏酒楼全改用生翅代熟翅。及肆筵堂收庄歇业，在于何年，记者已难忆及，唯小北二牌楼占三元，间系陈厨子后人所创，价廉味高，嗜食家赏识者众，交易多长久熟客，故又能代客打算省费装局面。其制法系以大碗包翅，而用炸绍菜“天津白菜”为底，盛以海碗，令食者稍不留心，即无从判别有绍菜为底，只此一簋，已可省出二金。若桌数多者，所省伙矣。客有喜事燕席，嘱其到公馆烹饪，交易在价值二百金之间，事后送帐单至公馆收款，必随单跟馈燕翅一品窝一具、点心两碟，大约共价值亦需数金。以手段招客主顾，在他等酒楼冷荤热荤等，不过作为陪衬之品，不甚注意，而占三元则否，如冷荤之酸绍菜、炸芋头片，热荤之炒鸡子、豆苗炒鸡丝等，并非贵重，所值亦微，而竟有指明必需备者，可见其遗传巧制仍未失焉。

粤中名厨之烹制鱼翅

食客

俗有“食在广州”之谚，而六十元之大翅尤为粤中食品之至贵族者，鱼翅之制法至繁，第一须火候合宜，第二须翅之本身良好，个中人言，鱼翅以南海洋之六琴为至佳，其制法，以烧肉夹炖，为无上上法，四十年前，芳岛之二奶巷里竹树坡之某俱乐部有名厨陈某所制之鱼翅，名震芳岛，其法，先买大翅一副，洗净去灰气，然后以半肥瘦烧肉，切成四五寸长，三分厚者两片，将洗净之排翅，夹于其中以草缚之，用瓦钵盛之于蒸笼上，隔水蒸至廿四小时，不许断火，另以鲍鱼切成薄片，熬□成汤，去其鲍片，盛汤待用，并买便烧猪膏，烧猪水（此物至紧要，否则不香），待至上菜时，取出排翅，弃去烧肉，烧猪水和匀，另加烧猪膏少许，落镬煮滚，上菜时，每人一小碗，每小碗一只鱼翅，如此制法，大约每碗值三元矣。制鲍鱼亦同此法，将鲍鱼稍出水，去灰气，夹入烧肉中，蒸二十四小时，唯鲍鱼要和（切）二三分厚，其汤则另以小鲍切片，熬取而去滓存汤，临上菜，加烧猪膏、烧猪水会合，则美味非常矣。世有老饕，请依法尝试之。

按： 距今约七年前，上海爱多亚路广西路口，有“太平洋西

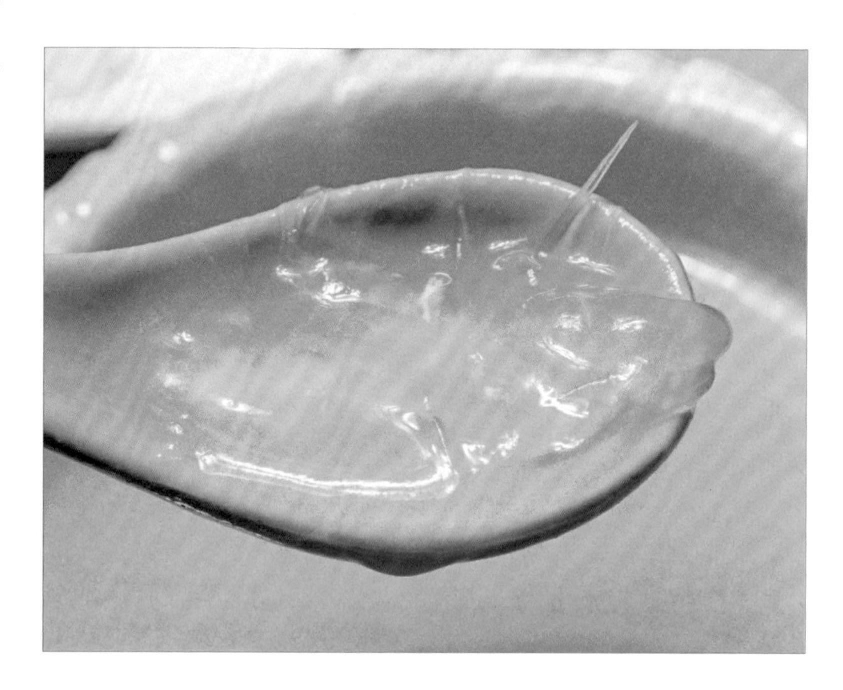

菜社”，后于其楼上另辟“潮州食谱”部分，以潮州名肴十大菜著名，所烹翅，尤称上海独步，盖为真正之潮州食法，每碗成本须七八元，食者须先二日预定，海上老饕，有专往尝此一味者。据已故郑正秋先生言，潮州名厨治翅，有特征，以支条粘玻璃窗上，干后紧贴不易去，他处厨司不能也。

（选自《铁报》1936年12月28日4版）

不可思议的海参[1]

吴慧贞

婆参乳鸽——先将猪婆海参煮滚出水，开肚去净沙泥，再用牙刷把外面沙泥灰刷净，再滚一次，再刷再洗，然后用清水冷浸，泡透后，连同剜净乳鸽，上汤隔水盅炖至烂，其味甘清，有滋阴之功，为席中珍品。

心印良缘——先将海参如制婆参方法，滚透、刷清、泡透后，用上汤滚至烂，再以斩猪肉、虾肉加些豆粉，搓成肉丸，下油镬炸好，同会上碗。此味因“参丸”与“心缘”谐音，故嫁娶宴席，多喜用之。

烩海参羹——先将海参洗净泡透，用上汤滚烂，取起切粒，小菜用冬笋、冬菇、猪肉切粒，同烩上碗时加些芫头、火腿松在面，味颇清隽爽口。

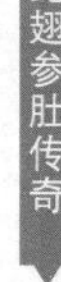

①节选自吴慧贞《粤菜烹调法》之“菜式分述”。

按： 由猪婆参之名，我们应该知道，广东人吃的海鲜是有很多种的，这里不详加介绍，而着重要说的是，海参在粤人眼里，更有妙用，就是海参胜良药。这是清人梁章钜《浪迹丛谈》里介绍的。他说，他在做广东巡抚（省长）时，属下的桂林知府（市长）兴静山身体极好且滴酒不沾。问他为什么能如此守酒戒。他说二十多岁时因为嗜酒，虽然没有醉死，也差不多成为废人。后来有人教他每天将掏洗干净的海参不加盐淡吃两条，不仅酒疾痊愈，而且身体日益强壮。但是，要做到这一点不容易，因为淡吃海参，实在难以下咽，那些仿效他这样做的人，因为忍不住放了点盐，效果便大打折扣。孤证不立，梁氏又举了另一例子。说他的一名幕客（私人顾问）八十多岁了，体健无病，全靠海参——海参的功效，简直不可思议。他自幼家贫，后来做幕客也没有多少钱，一生所吃海参，竟然靠亲友招待与馈送维持，“以此至老不服他药，亦不生他病”。有此妙用，于海参才算名实相副吧；而凭此妙用，参席的身价应该更高，包天笑先生更不应该将其排名那么靠后了——包先生是小说家，但愿那是小说家言吧。

再按： 《美味求真》也介绍了两款海参食谱，然而做法甚简，味道与营养更是略不介绍。烩海参“先出水开肚去净沙泥，用牙刷刷去外便沙泥灰气，再滚再洗，用清水泡透后，用汤滚至堪，上碗底用卤肉丸亦可。”海参羹“照前法洗净，汤滚堪，切粒小菜用冬笋、香菇、猪肉切粒同烩，上碗时加些牵头便可。”

又按： 彭长海《北京饭店与谭家菜》说到海参也是先从选料和发制说起。谭家菜中最讲究使用的是大乌参（又称开乌参），其次有梅花参、刺参等。其发制方法，大乌参是先在火上将其全

部粗质表皮燎焦，用小刀刮净焦皮，再放入铝锅中加足开水，用小火保持水微开，煮到较软时离火，将参捞在凉水内剖开腹，抠去肠子（紧贴腔壁的一层膜用时再抠），用小刀轻轻刮去表面残留的粗皮，洗净后再放入开水锅，小火煮透，将参捞在天然冰水中，泡五六个小时，让其充分涨发，待涨足后即可使用。梅花参先置于冷水或温水中浸泡12小时，再上火煮到发软，离火待水变温，将参捞在凉水内刮去腹面粗皮，剖开腹，抠去肠子和表面的黑沙。洗净后，再用水煮沸，用原汤焖上，每天早晚各换水煮开一次，最后捞在天然冰水中泡五六个小时，涨足发透即可使用。刺参则先放入开水中煮1个多小时，将锅离火，浸泡两个多小时，将海参捞出，由腹部顺着剖开，抠去肠子和表面黑泥沙，用清水漂洗数遍，再放入开水锅中，用小火焖煮，将已经发软的海参挑出，捞在凉水内泡上，老而硬的，则继续用小火焖煮，如此反复挑煮，务使所有的海参完全软硬一致。这时，将泡在水里的海参压上天然冰，放于温度较高的通风处使冰融化，冰块化得快，海参涨得也快，冰块化完后，再换水加冰块，如此反复换水压冰。一般三天后即可使用。如无天然冰，可用凉水泡上，每天换水两次，但发出来的数量不如加天然冰的多。

扒大乌参——主料用水发乌参1.5千克，配料用老母鸡1.5千克、干贝25克、火腿100克，调料用盐10克、白糖10克、酱油、料酒、胡椒粉、姜、鸡油、水淀粉少许。制作方法是将乌参放在水中抠洗干净。干贝剥去边上的硬筋。老母鸡用开水汆透，捞出洗净血沫。备搪瓷桶或沙锅（铝锅也可）一个，底部先垫上四根筷子，将乌参先用开水汆透捞出，放在一个竹箅子上，再放入锅内，上面再加一层箅子，将洗净的鸡、火腿、干贝（用小布包好）、葱、姜放在箅子上，加进清水1750克，先用大火烧开，然

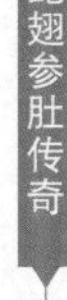

后用小火爆1.5个小时到2个小时，直至将乌参完全㸆透烂为止。㸆好之后，先取出乌参上面的箅子及上面的鸡、火腿、干贝、葱、姜，再把锅内的汤滗入煸锅内，将乌参连箅子取出，放入煸锅，上火烧开，加入酱油、料酒、盐、白糖、胡椒粉少许，用微火略开10分钟，取出盛在大圆盘内。将锅内的汁调好味，用澥开的淀粉勾稀芡，淋上鸡油，浇在乌参上即成。

干烧海参——主料用干海参250克，水发好后约1200克；配料用冬菇50克、冬笋50克、油菜心250克、精制玉米粉50克、花生油50克；调料用料酒2克、酱油4克、白糖1.5克、盐2.5克、味精1.3克、淀粉5克，葱、姜。制作方法是将水发好的海参用手把紧贴腔壁的一层膜去掉。用水洗净在腔壁上打上花刀，以便入味，再切成块。在煸锅内放清水，待水烧开后，放入切好的海参，在水中煮2—3分钟后取出，取出时用漏勺漏净水，放在盘里。将焯后的海参，撒上精盐，搅拌均匀。放入蒸锅，上火蒸10分钟左右。蒸好后取出，把海参倒在消过毒的布里，轻轻地压，沾净海参上的水分然后放在调料盘内。将精玉米粉撒在海参上面，在盘里和海参搅拌均匀。发好后的海参含水量多，入油后易变形，加玉米粉，为使海参内水分不外溢，保持形状整齐。搅拌好后，放在油锅里炸片刻（注：炸海参时用油量要多）。捞出后滤掉油。最后将调料葱、姜末、料酒、酱油、白糖、淀粉调好后，放在碗里。在煸锅里放入油，油热后放上油菜心、冬菇、冬笋，稍煸一下，再放入海参翻炒片刻，倒入配制好的调料，再烧炒片刻，即可出锅。

扒海参——主料用水发海参1.5千克，配料：鸡汤1.5千克，调料用盐10克、白糖10克、酱油、鸡油、水淀粉、料酒少许。制作方法是先把海参放入盆中，加进清水，用手抠净内壁的残肠，

洗后放在盆内，不加水，不改刀（海参要挑个大一点的）。锅内注入清水，上火烧开，投入海参，氽透捞出，水倒锅洗净上火，放入1千克鸡汤，将海参下入锅内，放进葱、姜，大火烧开后，小火㸆之，在到五六分钟时，加入料酒、酱油（少许）、盐、白糖，继续15分钟左右，将锅端离火。另取一锅洗净，倒入500克鸡汤，将㸆好的海参捞出（原汤不要）倒入锅内，加适量的盐、酱油（少许）、白糖、料酒，汤开后对好味，用稀的淀粉勾芡，淋上鸡油，盛入盘内即可。

酿海参——主料为水发海参1250克，配料为瘦猪肉末1千克、水发冬菇25克、净冬笋7.5克、海米25克、鸡汤1千克、鸡蛋清1.5千克，调料为盐10克、白糖10克、酱油、胡椒粉、水淀粉、玉米粉、葱、姜、料酒少许。制作方法：挑选完整不破、个均匀的海参，抠尽肚内残肠，洗净，用刀在内壁略剞花刀。冬笋、冬菇切成豆粒大的小丁。取少许姜切成米。海米用水泡软，切成碎米。将海参放入盆内，加进葱、姜、料酒、盐、胡椒粉少许，上笼蒸10分钟取出，挑出海参放在盘内。将猪肉末、冬菇、冬笋、海米合在一起放于一盆内，加进姜米、鸡蛋清3个、料酒、盐、胡椒粉少许搅匀。把蒸好的海参在内壁撒上玉米粉，把搅好的馅酿进海参内，放在盘里，上笼蒸透取出。锅内注入鸡汤，上火烧开，把海参码入锅内，用小火㸆之，一般㸆15—20分钟，加入酱油、盐、白糖、料酒、胡椒粉少许，待海参和猪肉完全㸆透，取出码在盘内，锅内的汁用澥稀的淀粉勾芡，淋上鸡油，浇在海参上即成。

虾球海参——主料用水发海参1千克，配料用虾肉300克、鸡汤1.5千克、鸡蛋清1个半，调料用白糖10克、盐12.5克、酱油、鸡油、料酒、葱、姜、水淀粉、胡椒粉、猪油少许。制作方法：

将海参抠净残肠，用水洗净，顺着片成两片，放在盆内。虾肉一片两半，去尽背上的黑沙线，片去外面的红皮。虾片控净水，放在盆内，加入盐、料酒、胡椒粉、鸡蛋清搅匀，再放入淀粉浆匀。将海参用开水汆透捞出，水倒掉，锅洗净，倒入鸡汤50克，把海参再倒入汤内汆透捞出，汤倒掉不要，锅内另换鸡汤，下盐、料酒、酱油、白糖、胡椒粉、葱、姜，将海参下入锅内大火烧开，用小火㸆之。另用一锅，洗净，上火烧热，注入猪油，待油热后投入虾片滑之，滑散滑透后，倒入漏勺控油。锅内放入鸡汤，下盐、料酒、白糖、胡椒粉，把滑好的虾片倒入锅内，用小火㸆之。这时把海参上大火，对好味，挑出葱、姜，用稀的淀粉勾稀芡，淋上鸡油，盛入盘中。再把虾锅开大火烧滚，加调料对好味，用淀粉勾稀芡，淋上鸡油，盛在盘内海参上面即成。

乌参扒鱼肚——主料用水发乌参750克、干鱼肚50克，配料用老母鸡肉1.5千克、填鸭500克，调料用糖10克、盐10克、料酒、葱、姜、酱油、鸡油、淀粉少许。制作方法：将加工好的鸡鸭用小火煮成1千克汤。将水发乌参用开水汆一次，放进汤内，加250克鸡鸭汤，蒸30分钟。干鱼肚用温油泡软，切成4厘米方块，再用热油慢慢炸起，炸透成蜂窝形，用温水泡透，洗三次，挤出油腻水。将鱼肚用开水汆一次，和蒸好的乌参同时下入双耳锅，加750克鸡鸭汤，滚煮10分钟，加调料、淀粉调匀。出锅前加少许鸡油。

虾子海参——主料用水发海参1250克，配料用老母鸡肉500克、填鸭肉500克、虾子25克，调料：糖10克、盐10克、酱油15克、鸡油、葱、姜、料酒、淀粉少许。制作方法：将水发海参一切两片，用开水汆一次。将虾子用温开水洗净，泡10分钟。将加工好的鸡、鸭加葱、姜用小火煮成700克汤。将700克鸡鸭汤放进

双耳锅内，再放入氽好的海参和虾子，滚煮10分钟，加调料、淀粉，调成浓汁，淋入鸡油即成。

蟹黄海参——主料用水发海参1250克、活蟹1千克，配料用老母鸡1千克、填鸭肉500克，调料用糖10克、盐10克、酱油、鸡油、葱、姜、料酒、淀粉少许。制作方法：将水发海参一切二片，用开水氽一次。将加工好的鸡、鸭、葱、姜用小火煮成700克汤。将活蟹洗净，用马蔺草将蟹腿绑好，蒸30分钟，剥取出盘肉。将鸡鸭汤放入双耳锅内，再放入氽好的海参，用小火煮15分钟，加调料、淀粉，调成浓汁，出锅前淋以鸡油，即可装盘。留部分汁放入蟹肉搅匀，盖在海参上。

鸡球海参——主料用水发海参1千克、笋鸡肉150克，配料用老母鸡肉250克、填鸭肉500克，调料用糖10克、盐10克、酱油、鸡油、葱、姜、料酒、淀粉少许。制作方法：将水发海参一切两片，用开水氽一次。将加工好的鸡鸭加葱姜，用小火煮成700克汤。将鸡肉剞成方块花联刀，剁成核桃块，用温油滑一下，即成金黄色鸡球。将鸡鸭汤注入双耳锅内，再放入氽好的海参及鸡球，用小火煮10分钟，加调料、淀粉调成浓汁。

又按：后出转精。对海参食疗功效、品种选择、发制烹调，讲得最清晰的，还是王亭之，尤其是针对袁枚的《随园食单》来谈，也同样彰显粤菜巨大的优势。

海参滋养，能固肾明目，然而此唯辽参始有功效。辽参者，即参也。若参身滑溜者，名为猪婆参，绝无食疗之效。

不过辽参却比较难发，尤其是上好辽参。也可以这样说，愈好的辽参愈难发得软。一个传统的方法是，用冰水来浸它，现代人十分容易，将人造冰块连辽参放入粥煲内，冰块自然融成冰

水，待稍浸泡后，原煲加火烧滚，然后慢火煮透。及离火后，又可倾水再加冰，煮第二次。如是辽参必能发开。

发海参忌沾盐沾油。若海参未发透即沾盐，海参便不能发；若沾油，则当烹煮时火力较猛即易熔成胶，完全没有嚼口。

明代严嵩当政，其子世蕃骄侈淫佚无恶不作，独忌海瑞。其初世蕃与严嵩论及海瑞，提议将他收买，严老奸笑云："海刚峰是一枚海参"此即谓其浑身带刺，又难软，兼且不宜沾之以油盐。

由此小故事可知，明代中叶时，人们对海参的特性已有相当认识，否则便不能有此妙喻。只可惜自古至今，具海参性格的人实在太少。明代人如何食海参，王亭之实在不知，可是乾隆年间成书的《调鼎集》，却录有海参食制二十四款，名为"海参衬菜"。这本书为大盐商童北砚所辑，乾隆年间是盐商的黄金时代，是故生活豪奢，拣饮择食，由是食制精良，绝非今日海峡两岸暨香港的巨富之家所及，列人"衬菜"类者，唯有燕窝、鱼翅、海参、鲍鱼四款，恰同《随园食单》所言，他们是同时代的人，故由此即可见当时饮食之所重，实唯此四者。

《调鼎集》中的"蝴蝶海参"，其制法为——"将大海参披薄，或甲鱼边，穿肥火腿条。"此虽语焉不详，但亦可知其所用者非为辽参，充其量亦为大乌参而已。

然则《随园食单》的海参食制又如何耶？兹将其"海参三法条"，全文录下，分段解释：

"海参无味之物，沙多气腥，最难讨好。然天性浓重，断不可用清汤煨也。"所谓"天性浓重"，即谓其胶质重。"不可用清汤煨"者，即不宜清汤，但用肉煮汤来煨。然则如何？广府菜所用的上汤，实为最宜，上汤用文火熬成，用料有猪肉、火腿、

老鸡，故为浓汤，是海参的上好配搭。

“须检小刺参，先泡去泥沙，用肉汤滚泡三次，然后以鸡、肉两汁红煨极烂。辅佐则用香蕈、木耳，以其色黑相似也。”袁随园不识熬上汤，所以唯有用肉汤煮三次，然后煨以鸡和猪肉的浓汁，若用上汤来煨，则比他省事。不过他已懂得用小刺参是则已胜童大盐商多矣。

“大抵明日请客，则先一日要煨，海参才烂。尝见钱观察家，夏日用芥末、鸡汁拌冷海参丝，甚佳。”此冷盘果然精致，其制法当为先将海参煨透，俟冻（冷）然后切丝。海参已入味，用芥末可矣，再用鸡汁来拌，未免多事。

“或切小碎丁，用笋丁、香蕈丁入鸡汤煨作羹。”此食制的海参，仍要先用上汤煨透入味，然后才能“入鸡汤煨作羹”，如若不然，亦不过味同嚼蜡而已。

“蒋侍郎家用豆腐皮、鸡腿、蘑菇煨海参，亦佳。”用豆腐皮是食家的迁想妙得，盖用以索煨海参的汁，极其入味。于此食制，王亭之宁食腐皮。

看过《随园食单》这三款海参食制，便知道虾子烧大乌参、乌参炆鸭之类，简直是对小刺参的侮辱。

王亭之家厨倒有一款海参食制，深得随园意旨，此即红烧酿刺参。刺参对半切开，先用上汤煨透，然后酿以熟鸡肉及火腿胶，原条入锅略加上汤及绍酒红烧，极为美味。其得随园神髓者，即为用肉配搭，如是始可调和海参之腥寡。至于用绍酒，则可以带出火腿的鲜味。于初冬之际尝此食制，真可比美党太尉于大雪天，坐销金帐内，饮美酒、食羊羔，盖此亦御寒之妙品也。

（《王亭之谈食·食海参盐商不如袁子才》，生活书店2019年版，第246—249页）

扒大乌参

红烧鲍甫——用靓苏鲍原只用水滚过，取起，以牙刷刷去鲍边沙泥及全身灰味，再用清水滚一次，切片用姜汁酒炒过，排好隔水炖烂，上碟时以上汤、蚝油和些豆粉薄芡淋上，风味甚佳。

鲍鱼炖鸭——先把鲍鱼出水滚过洗净沙灰，然后用姜汁酒下镬爆过取起。再以剝净鸭一只，用油煎匀，起镬加绍酒一大杯，和上汤隔水炖至烂。鲍鱼切片，同鸭上碗，滋味浓厚，是一种滋补的食品。

腿烩鲍丝——鲍鱼滚透洗净，切丝，用姜汁酒炒过，再以冬菇、冬笋切丝，用猪油煨透，同鲍鱼和上汤煮烂后，再加叉烧丝、鸭肉丝同烩，临上碗时再加韭黄、火腿丝兜匀上碗，味至甘美。

按鲍鱼一物，其质与味均以我国江苏沿海出产者为佳，可惜我国渔业不发达，产量不丰，供不应求，价随昂贵。从前多购日产秃鲍，以取其价廉，不知从前日人常偷越我国领海捕鱼，他们的优良产品，其实也多是国产。现在抗战胜利，我们应以现代捕

①节选自吴慧贞《粤菜烹调法》之“菜式分述”。

鱼工具增进生产量，不但有助国计民生，对于国人营养也是有莫大的贡献的。

鲍鱼猪肚——以滚过洗净灰沙之鲍鱼切成厚片，用姜汁酒炒过。猪肚于洗净后再以盐花反转猪肚擦净，再用水洗过，然后连同鲍鱼和水煮至极烂取起，猪肚切厚片，上碗时加些麻油，则清香滑口。

按： 鲍鱼本四大名贵海味之一，粤菜也极重此味，但《美味传真》却简直付诸阙如，只一两行字："鲍鱼：先用水滚过，去清沙及灰味，再滚一次，切厚片用姜汁酒炒过，和水煲至极煁，或用猪肚同煲亦可。"也可以说写了等于没写。

彭长海《北京饭店与谭家菜》倒给予了甚长的篇幅来介绍。晚清民国吃的鲍鱼绝大多数是干鲍，跟鱼翅海参一样需要泡发，故首先介绍了干鲍鱼的发制方法是："先用凉水将干鲍鱼冲洗一遍，然后放入铝锅中，加足清水，用大火烧开。之后移到小火上煮1小时左右，将锅离火，待水凉后，将鲍鱼取出，用小刷子将其刷洗干净去除肠子及杂物，用清水反复洗净。将铝锅刷净，锅底放好竹箅子，将洗净的鲍鱼置于竹箅子上，注满清水，放入少许碱面，上火煮开，以小火微开煮两昼夜。要经常开看，防止水干，视水少时，可续入开水，直至煮烂煮透为止。煮发鲍鱼的原汤要保留备用。"接下来介绍了八款鲍鱼菜谱。

蚝油鲍片——主料用水发好的鲍鱼750克，配料用蚝油2克、莞豆苗50克，调料用葱、姜、白糖2.2克、盐1.5克、味精1.5克、鸡油25克、淀粉5克、清汤750克。制作方法：将鲍鱼的毛边撕去，片成2毫米厚的片。锅内放入鸡油、葱、姜，煸出香味后倒入清汤750克和发制鲍鱼时的原汁50克。汤烧开后，放入鲍鱼片，待汤再烧开时放入盐、味精、白糖，略煮片刻。倒入蚝油，用水淀粉勾薄芡。将洗过的莞豆苗，用清水氽下，码放在鲍鱼周围即成。

红烧鲍鱼——主料用水发好的鲍鱼750克，配料用冬菇25克、冬笋25克、鸡清汤500克、火腿肉25克、莞豆苗50克，调料用糖2.2克、盐1.5克、酱油2克、料酒2克、味精1.5克、鸡油50克、淀粉5克。制作方法：先将整鲍鱼除去边肉，在鲍鱼鳍上打

上花刀，再把鲍鱼斜切成0.5厘米厚的片。将切好的鲍鱼片，放入锅里煮开，撇去漂浮的沫子。用漏勺把鲍鱼取出，倒掉锅内的水。在锅内放入毛汤，加入调料：盐0.7克、糖2.2克、味精15克。汤烧开后，放入鲍鱼片汆1—2分钟后取出。汆好后的鲍鱼片，已渗透一部分鲜味，将锅内的毛汤倒掉。将发制鲍鱼时的原汁取出50克，加鸡清汤500克，上火烧开后放入调料：盐0.8克、酱油2克、料酒2克、鸡油50克以及冬菇、冬笋片，煮1—2分钟。再将鲍鱼放入锅内，煮3—4分钟。加入淀粉收汁。盛入盘中后，将洗净的莞豆苗用清水焯一下，码放在鲍鱼周围，在鲍鱼上面放几片火腿片。

鸡球鲍鱼——主料用水发紫鲍200克、笋鸡肉200克，配料用老母鸡汤150克，调料用糖7.5克、盐5克、酱油、料酒、淀粉、鸡油少许。制作方法：将鲍鱼剞上方块花联刀，再斜切成半厘米厚片。将笋鸡肉切成核桃块，加入盐、料酒稍腌，再用温油汆熟，即成鸡球。先将100克焖鲍鱼汤和150克鸡汤放入双耳锅内，煮沸后加入鲍鱼及鸡球，滚煮10分钟，加入油、淀粉，调成浓汁，出锅前加入少许鸡油。

虎皮鹌鹑蛋鲍鱼——主料用罐头鲜鲍250克、鹌鹑蛋15个，配料用老母鸡肉150克、填鸭肉50克，调料用糖7.5克、盐5克、料酒、淀粉、鸡油少许。制作方法：将鲍鱼剞上方块花联刀，再斜切成1厘米厚片。鹌鹑蛋煮熟后去壳，再用油炸成金黄色。鸡、鸭用小火煮成500克汤。将鲍鱼片放入搪瓷锅内，加200克鸡鸭汤，用火㸆30分钟，再放进双耳锅，加300克鸡鸭汤，滚煮10分钟，加入调料、淀粉调浓。出锅前加少许鸡油，盛入圆盘内。锅内留少许汁，再入炸好的鹌鹑蛋，煮沸，将鹌鹑蛋摆在鲍鱼四周即成。

芙蓉鲍片——主料用罐头鲜鲍250克，配料用鸡蛋清5个、鸡芽子5条、鸡鸭汤250克，调料用糖7.5克、盐5克、料酒、淀粉、鸡油少许。制作方法：将鲜鲍用凉水洗净，片成1/4厘米薄片，放入搪瓷锅内加200克鸡鸭汤、100克罐头鲍鱼汤，再加少许调料，用小火㸆1小时。将鸡芽子剁成细泥，随剁随加蛋清，放入碗内，加50克鸡鸭汤和少许调料调匀。将双耳锅烧热，放鸡油，再放入调好的鸡泥炒白，然后放炸好的鲍片，翻炒1分钟即成。

三鲜鲍鱼——主料用水发紫鲍500克、水发乌参500克、油发水鱼肚500克，配料用净老母鸡肉1000克、净鸭子肉500克，调料用白糖7.5克、盐5克、酱油、鸡油、料酒、葱、姜、水淀粉少许。制作方法：将水发紫鲍洗净，用刀剞上花刀，翻过来再剞另一面，然后坡刀片成厚片（小的片成2片，大的可片3至4片）。广肚如厚用坡刀片成片，薄的可改成方块。水发乌参也用坡刀片成厚片。老母鸡、鸭子用开水汆透捞出，洗净血污，放入锅内，再注入3千克清水，大火煮开后，用小火煮成浓汤，将鸡、鸭煮烂共出汤1.5千克。鲍鱼、广肚、海参分别用开水汆透，再用鸡汤汆一遍捞出，锅内放入浓鸡汤，下入葱、姜，将鲍鱼、广肚、海参下入锅内，开后略烧3—5分钟，然后挑出葱、姜，再加入料酒、酱油，以及少许盐、白糖，对好味，用澥稀了的淀粉勾成薄芡，淋上鸡油，盛入盘内即可。

炸鲍蛋——主料用水发紫鲍400克，配料用鸽蛋15个、鸡汤1千克、鸡蛋清4个，调料用盐10克、料酒、玉米粉、花生油、椒盐少许。制作方法：将鲍鱼撕去毛边，两面均直剞花刀，大个的坡刀剖成两半，小个的不剖。鸽蛋用水煮熟，泡入凉水内，剥去外皮，放于盘内，撒上盐，腌上味。鸡蛋清加玉米粉调成蛋清糊。将鸡汤倒入锅内，烧开后，放入鲍鱼，用小火略煮10分钟左

右，把鲍鱼氽透（如用紫鲍，可先用开水氽透，再用鸡汤氽时加入料酒、盐，使其入味），捞出滗净汤，放于盘内待炸。锅内注入花生油，上火至六七成热时，把鲍鱼先撒上玉米粉搅匀，再沾匀蛋清糊，投入锅内炸成金黄色，捞出放在菜盘内。鸽蛋沾上玉米粉，亦投入油锅炸成金黄色捞出，围在鲍鱼的周围，撒上适量的椒盐面上桌即可。

红烧鲜鲍——主料用鲜鲍1500克，配料用老母鸡1.5千克、填鸭500克、火腿100克，调料用糖7.5克、盐25克、料酒、淀粉、葱、姜、酱油、鸡油少许。制作方法：先将带壳鲍鱼剔出鲜鲍肉，去除污物，用凉水洗两次，再用开水氽过，剞上方块花联刀，再斜切成半厘米厚片。将加工好的鲍鱼片放入搪瓷锅内，上面放鸡鸭肉、火腿，用大火煮沸，再用小火焖90分钟。将焖好的鲍鱼带汤放入双耳锅，加少许葱、姜，用小火㸆30分钟，再加调料及淀粉，调成浓汁，出锅时淋以鸡油即可。

再按： 新出《谭延闿日记》（中华书局2019年版）1923年3月28日记他同军政府诸要人出席江孔殷家宴，言及鲍翅："江自命烹调为广东第一，诚为不谬，然翅不如曹府，鳆不如福胜。"可见鱼翅和鲍鱼也是这广东第一家的代表菜式，却仍然是天外有天，人外有人，还有人比江家做得好，方显出"食在广州"的底色来，也进一步显出鲍翅在粤菜中的地位。

又按： 王亭之则从袁枚的《随园食单》说起，说袁氏"食鲍鱼亦甚外行。其言曰：'炒薄片甚佳的入鸡汤豆腐中，号称鳆鱼豆腐，上加陈糟油浇之。庄太守用鱼煨整鸭，亦别有风趣。但其性坚，终不能齿决。火三日得碎。'"从而引出广东人烹饪鲍鱼

红烧鲜鲍

之高明："此条必为广东厨子所笑。"而且认为，能做好鲍鱼的，始终只有广东人，足以托起"食在广州"之盛名："不过时至今日，除粤厨外，他省厨子亦必不善制鲍鱼。若鲍鱼煨得不能齿决，拆招牌矣。外省人亦未必能品鲍鱼之味，所以互为因果，炮制鲍鱼始终得让粤厨出人头地。"但是，也为广东人会吃能吃好吃鲍鱼而"担忧"："此四海珍，从前只有鱼翅矜贵，鲍鱼只是小食，海参鱼肚亦普通人家的节日菜式，可是，如今鲍鱼却变得极为矜贵，连三十几个头的鲍鱼都上酒席，十分阴功，这样吃下去，鲍鱼真的会断子绝孙，人工饲养亦无用焉。"（《王亭之谈食》，生活书店2019年版，第243—244页）

王亭之还在《新派粤菜，泛滥成灾》一文中，为了抨击新派粤菜，阐述了鲍鱼的烹饪史，"因为鲍鱼烹调艰难，若将古今调治之法比对，然后便可知道创新的正确意念"。他说："唐以前，食鲍鱼之法不知，唐代唯食鲜鲍，片成薄片，生食，日本人的'鲍鱼刺身'，即是学足唐法。"但是，唐人之生食，特别是对于鲍鱼，除了喜欢，还有一层无奈，就是做不出好吃的熟食鲍鱼，直到宋代，也还没有发明足以让鲍鱼烹饪得味美的"扣"法："他们将鲜鲍切片来烧，未识'扣'之法也。故宋人食制便有'烧鳆鱼'的记录，鳆鱼即是鲍鱼。烧之外，亦用以制羹，则称'石决明羹'，因为鲍鱼壳在中药本草上的学名，为石决明。"到了清乾隆年间，虽然发明的"扣"法，如《随园食单》载鳆鱼的烹调二法，一为鲍鱼片豆腐羹，一为鸭扣全鲍，但袁枚却认为鳆鱼性坚，可见其时尚始终无法将鲍鱼扣软。因为不知"扣"，所以宋代用假鲍鱼上席，甚至宋高宗庆生辰亦用假鲍鱼而不用鲍鱼，未尝跟当时不善治此"海错"无关也，"否则堂堂皇帝生辰，岂连鲍鱼都买不起耶"。这其中的关键问题是前人不

识鲍鱼之特性，原来鲍鱼忌咸，扣时稍有咸味，即愈扣愈硬如铁石，即使加几片火腿，一样会变硬。但鲍鱼若见胶质及油质，却会起“胶体化学”上的渗透作用，鲍身变软，而且溏心。真正善“扣”，则非待粤厨不可；王亭之并举其家厨之例曰：“用半肥瘦猪肉连皮垫着鲍鱼来扣，不落任何调味，即是利用猪皮的胶质，以及肥猪油的油质耳。扣时鲍鱼自然会出汁，但不多，故可再用此鲍鱼汁连同扣出来的胶质埋芡，甚为原汁原味。”（《王亭之谈食》，生活书店2019年版，第243—247页）

又按： 唐鲁孙《天下味·令人难忘的谭家菜》（广西师范大学出版社2004年版，第137页）说：

> 烹调高手美食大师张大千说过，谭家菜的红烧鲍脯、白切油鸡为中国美食中极品。他的品评可以说允执厥中，一点也不浮夸溢美。谭家菜每桌酒席都少不得有红烧鲍脯或红焖鲍翅，香而且醇、腴而不腻的鲍翅，在下倒是吃过很多出自名庖家厨的精品，可是像谭府的红烧鲍脯那样滑软鲜嫩，吃鲍鱼边里如啖蜂窝豆腐，吃鲍鱼圆心，嫩似溶浆，晶莹凝脂色同琥珀一样，别处从未吃过。大千先生说是极品，在下认为简直是神品啦。
>
> 谭府所用鲍鱼据说都是从广州整批选购来的，过大过小都要剔除，鲍脯发足后，要跟小汤碗一般大小，才能入选。首先把新的细羊肚手巾，在原汁鸡汤煮透后待凉。然后用手巾把发好的鲍鱼，分只包紧，放在文火上慢慢烤嫩，接近收干。这时鲍鱼肌里纤维全部放松，自然鲜滑浥润，不劳尊齿加以咀嚼，自然柔溶欲化啦。

鱼肚的煮食传奇[1]

吴慧贞

珠联璧合——即翅丸芥菜，以鱼翅堆漂透，用上汤煨烂，取起隔干，另以鱼肉、虾肉斩烂，加盐水、豆粉拌匀，至成胶后再加鱼翅拌和搓捏成丸，置筛中蒸熟，然后用芥菜梗切片剜开，每片中夹火腿一块，用上汤滚烂同烩上碗，清脆甘美，兼而有之，因其命名甚佳，故嫁娶喜筵上多乐用之。

清汤广肚——鳘肚一物是鳘鱼肚内的膘（鳔，即气囊），以产于广东沿海汕、潮、钦、廉、雷、琼、雷者最为名贵。大概因地方气候和鳘鱼所得食料关系，鱼肚所含养分较他处所产者更为丰富。鱼肚有滋阴、固肾、补脑、养颜之功，据食家经验，尤以有双带相连者，其功更著，为高等粤席所不可少。但烹调、火候极须注意，因此物用火过多则生胶，火候不足则坚实，必须火候适度才能爽而兼烂，滋味、吃口俱臻佳妙。清炖广肚的制法：先把原只鱼肚滚去灰味，再换水滚至能刮去外面一层衣为度，然后把里面爽的一层切件，用上汤炖烂上碗。如家常食用以滋养身

①节选自吴慧贞《粤菜烹调法》之“菜式分述”。

清汤广肚

体者，则以成只鱼肚滚洗刮净后，用上汤炖好，取起晒干，用刨刀将鱼肚刨成薄片，藏于玻璃瓶中。每晨以适量肚片调和白粥或奶、茶等同食，既可口又补体，并可省却每日炖食的麻烦。

上汤泡肚——将鳘肚斩件，用油炸透，其炸法先用武火把油烧滚，俟镬油多起青烟时，乃改用文火，然后把鱼肚下镬，炸至内外俱透，即兜起，用冷水泡透，挤去油质，再多用清水泡挤数次，然后挤干，用上汤滚至烂，则汤味饱含肚内，上碗时加些火腿蓉、白豉油，则爽滑清腴，兼而有之。

鸡蓉鳘肚——鱼肚滚透再换清水滚至能刮去外衣，乃将鱼肚切成细粒，用上汤滚烂后，再以鸡胸肉去皮斩细如酱，用些豆粉、猪肉拌匀，用上汤和搅稍稀，慢火阴镬，下鸡茸（通“蓉”）及以鸡蛋白数只拌匀，同下兜匀，加些白豉油即上碗；或单用蛋白不用鸡茸亦可，或加些腿茸在面则更佳。

（原载《家》1947年2月号第13期）

凉拌鳘肚——鱼肚斩件，照“上汤泡肚”之法，用文武火炸透，多用冷水泡挤，去净油腻后，挤干，用上汤滚烂，去汤取起，以糖醋同烩上碗；临出菜时加炒香研末之花生肉在面，此为夏日用之菜式，以爽口醒胃见称。

按：《美味求真》鱼肚食谱也只简单着录了两款，分别是：

清炖鱼肚——先将原只鱼肚出水去灰味，再滚至刮得去外便一层，留里便一层爽的，切件用上汤炖至煁，加火腿配之上碗，此物要心机，如火多则生胶，如小则硬，全靠火色为佳，味爽而煁有益。

烩鱼肚——将鱼肚斩件，用油炸至透，先用武火后用文火炸

之，滚油时俟其油多起青烟然后下鱼肚，见其内外俱透即兜起，放冷水上泡，揸去清油、气泡数次乃可，后用上汤滚至煁，使其汤味入内，上碗时加些白油味爽。

再按： 彭长海《北京饭店与谭家菜》录有鱼肚食谱5款，分述如下：

鸡茸鱼肚——主料用油发广肚150克，配料用嫩鸡脯肉75克、鸡蛋清4个、鸡汤1千克、火腿末10克，调料用白糖10克、盐10克、料酒、鸡油、葱、姜少许。制作方法：将油发好的鱼肚置于盆内，加进温水，再用重物压上，使鱼肚完全浸泡在水中，待完全泡透发软后挤净水，再用温水洗几次。洗一次挤一次。如此反复数次，把鱼肚内含的油腻挤出来。然后挤净水，用坡刀片成6厘米长、3厘米宽的块。鸡脯肉（最好用鸡芽子）去筋去皮，用刀背砸成细泥。把砸好的鸡泥加入鸡蛋清和少量的凉鸡汤，调成糊状。鱼肚先用开水汆透捞出。将锅洗净，放入鸡汤750克，鱼肚挤净水，下入锅内，放入葱、姜，待锅内汤剩下约有250克，鱼肚完全煮透入味后，挑出葱、姜不要，把鱼肚捞出放入盘内，将搅好的鸡茸倒入锅内，炒成浓糊状，炒透炒熟后，淋上鸡油，浇在盘内鱼肚上，撒上火腿末即成。在烹制中，鸡茸略炒熟即可，切不可炒老。此菜制成后，鱼肚软嫩滑润，鸡茸嫩鲜味美。

白扒鱼肚——主料用干鱼肚150克，配料用鸡清汤700克、火腿50克、油菜心250克，调料用白糖2.5克、盐2.5克、味精1克、料酒1.5克、鸡油5克、淀粉25克、葱、姜、毛汤。制作方法：将干鱼肚油发制好，待用；油发好的鱼肚浸泡在温水中，使其泡透发软；泡好发软后将鱼肚切成6厘米长、3厘米宽的坡刀块。在煸锅内注入清水，待水烧开后，将切好的鱼肚放在水中煮；在煮

鱼
肚

制鱼肚过程中，要不断地用漏勺捞出用勺背压一压鱼肚，使鱼肚内的油尽快脱出来，此道工序目的是去掉油脂；将煸锅内放入毛汤，烧开后放入葱、姜、鱼肚，煮十分钟后去掉葱、姜和毛汤；将鸡清汤700克放入锅内，将鱼肚放入锅内，加调料白糖、盐、味精、料酒、鸡油。鱼肚在煸锅内煮1—2分钟后，用淀粉收汁；烹制好的鱼肚盛在盘中，把火腿片码放在鱼肚上面，周围码上油菜心。

干贝广肚——主料用干广肚350克，配料用老母鸡1.5千克、填鸭肉500克、干贝75克，调料用糖10克、盐10克、料酒、酱油、葱、姜、淀粉少许。制作方法：将广肚放在5千克开水内，煮沸后即离火泡13个小时，取出用凉水洗两次；将宰好、洗净的鸡、鸭加葱、姜，用小火煮成1千克汤；将鱼肚切成3厘米方块，用500克鸡鸭汤汆一次；将干贝去筋洗净，加入150克鸡鸭汤，上锅蒸2小时，抓碎；将鸡鸭汤放入双耳锅，再放汆好的鱼肚，滚煮10分钟，加调料、淀粉，调成浓汁，装入圆盘内，留部分汁放入干贝搅匀，浇在鱼肚上面即成。

虾子鱼肚——主料用干鱼肚125克，配料用老母鸡1千克、虾子25克，调料用糖10克、盐10克、料酒、鸡油、葱、姜、淀粉、酱油少许。制作方法：将干鱼肚用油发的方法发制好，再用温水泡透，洗三次，挤出油腻水；将宰好洗净的母鸡加葱、姜用小火煮成750克汤；将鱼肚切成斜刀块，再下温水洗两次，用半斤鸡汤汆一次；将虾子洗净，用温水泡10分钟；将500克鸡汤放入双耳锅，再放汆好的鱼肚和泡好的虾子；滚煮10分钟，加调料、淀粉，调成浓汁，出锅前淋入少许鸡油即成。

蟹黄鱼肚——主料用干鱼肚125克，配料用活蟹1千克、老母鸡1千克，调料用糖10克、盐10克、料酒、鸡油、葱、姜、酱

油、淀粉少许。制作方法：将干鱼肚用油发的方法发制好，再用温水泡透，洗三次，挤出油腻水；将宰好洗净的老母鸡加葱、姜用小火煮成750克汤；将鱼肚切成斜刀块，用温水洗两次，再用250克鸡汤汆一次；将活蟹用凉水洗净，用马蔺草将腿绑好，蒸30分钟，取出蟹黄和蟹肉；将500克鸡汤放入双耳锅，再放入汆好的鱼肚，滚煮10分钟，加调料、淀粉和少许鸡油，即可装入圆盘。留少许汁，将蟹黄放入调匀，浇在鱼肚上。

又按： 粤人一般称鱼肚为鱼胶，或曰花胶，是养胃美颜、防癌助孕甚至主生儿子的上品，故为席上之珍。清人吴震方的《岭南杂记》里："鱼胶大者径数尺，小者如盘，厚且坚，不知何鱼之鳔。或云齐明帝所嗜鱁鮧即此。余年伯王文贞公服之，连举八子，甚诧其效。"清人张渠《粤东闻见录》予以佐证并阐明其因由："阳江土产有鱼肚，径数尺，厚白而坚，取充庖馔，俗呼鱼鳔，究不知何物。或云齐明帝嗜鱁鮧，即此。方书载鱼鳔白为丸，可以种子（使人的精子与卵子容易结合并着床）。本朝王敬哉尚书服此连举八子，甚诧其效。大约鱼属火，可以滋阳。"

好嘢，给生活加点「野」

『真正开辟吃蛇羹的新时代新境界，在某种意义上表征了「食在广州」的，是晚清民初的南海籍进士、入了翰林的江孔殷太史。』

生筋田鸡

炒田鸡片

凉瓜田鸡

酥炸田鸡

烩沙龙羹

酥炸沙龙

栗子田鸡

美味田鸡如河鲜一般①

吴慧贞

酥炸田鸡——田鸡专食稻禾害虫，有益人类；它的肉也并没有什么比其他肉类更好的养分，且骨易误吞，可以致命，故以不食为是。但因粤菜原有这一味，所以仍录存它的烹法，而田鸡一物可用其他肉类替代。酥炸田鸡的制法，以田鸡剥皮切件，用盐花和打松鸡蛋、面粉调成糊状，再将田鸡逐件调匀，即下油镬炸酥上碟，食时以五香淮盐蘸食。或再加芹菜、冬菰、冬笋、荸荠切片同炒至熟，加些“宪头”滚匀上碟。此味如不用田鸡，可以鲈鱼肉或生鱼肉代之，其味更佳，养分也较丰。

凉瓜田鸡——凉瓜田鸡是夏季的时菜。凉瓜以西园苦瓜种，身短肥大，形如凿状者最好。先将苦瓜剖开去瓤，切成马耳样块，用盐花挤去苦汁，随用滚水再泡再挤。烹法：先将田鸡切件，下油镬武火爆透取起，再将蒜米打烂下油镬炸香，便下苦瓜同炒，并加捣烂豆豉汁同田鸡一同下镬，加些“宪头”滚匀上碟。此味中的田鸡可用鸡肉或鸭肉替代，味亦更好。

①节选自吴慧贞《粤菜烹调法》之“菜式分述”。

炒田鸡片——炒田鸡片用大只田鸡，起肉去骨切片，以热油调匀。配料用冬笋、冬菰、猪肉切片，先下油镬炒熟，后下田鸡片，炒至仅熟，再加“宪头”炒匀上碟。此味中不如以生鱼或鲈片代田鸡的滋味来得更鲜美。

栗子田鸡——用大只田鸡起肉切件，用姜汁酒炒过，再把烧猪腩、冬菰爆透，随把栗子肉一同下锅炖至烂熟，再加顶好豉油、熟油和匀上碟。此味实不如用大鳝代田鸡炖食的更为浓郁甘香。

生筋田鸡——生筋是用戥面和水搓成团后，下水泡透，用力搅至生筋，漂去游离面粉，留筋作小丸，下油锅炸之，即膨胀如气球状，取起，再下冷水泡透，挤去油腻待用（市上也有现成生筋出售）。随后把田鸡剃净切件，先下油锅用姜汁酒炒过，再下漂透生筋，加些汤水同烩，熟时再加麻油上碗。此味中的田鸡可改用鲮鱼球或鸡球，与生筋同烩，味更胜田鸡一筹。

（原载《家》1947年12月号第23期）

按：青蛙是上味，广东人是没有异议的，现在大小餐馆都有这味菜。乾隆时修的《广东通志》说："百粤之民以蛙为上味。"可见自古皆然。至于青蛙如何为上味，可以另一条笔记来加以说明。清人吴震方的《岭南杂记》说："石蛤，一名坐鱼，即蛙之大者耳。重者斤许，土人连皮食之。"也就是说，岭南人是把青蛙当成河海鲜一般了。

这种"上味"传统，我们还可往前溯及许多。当然像中原士大夫们，比如大名鼎鼎的韩愈不接受，齐名的柳宗元则颇坦然；韩愈《答柳柳州食虾蟆》说：

> 虾蟆虽水居，水特变形貌。强号为蛙蛤，于实无所校。虽然两股长，其奈脊皴疱。跳踯虽云高，意不离泞淖。鸣声相呼和，无理祇取闹。周公所不堪，洒灰垂典教。我弃愁海滨，恒愿眠不觉。叵堪朋类多，沸耳作惊爆。端能败笙磬，仍工乱学校。虽蒙句践礼，竟不闻报效。大战元鼎年，孰强孰败桡。居然当鼎味，岂不辱钓罩。余初不下喉，近亦能稍稍。常惧染蛮夷，失平生好乐。而君复何为，甘食比豢豹。猎较务同俗，全身斯为孝。哀哉思虑深，未见许回棹。

柳宗元大约向韩愈极推荐蛙味之美，故韩愈在诗中说："而君复何为，甘食比豢豹。""豢豹"是什么呢？西汉辞赋大家枚乘《七乘》极言烹饪之美，有曰："熊蹯之臑，勺药之酱。薄耆之炙，鲜鲤之脍。秋黄之苏，白露之茹。兰英之酒，酌以涤口。山梁之餐，豢豹之胎。小飰大歠，如汤沃雪。此亦天下之至美也。"《文选》编者李善注引《六韬》曰"武王伐纣，得二大夫而问之曰：'殷国将有妖乎？'对曰：'有。殷君陈玉杯象箸，

玉杯象箸，不盛菽藿之羹，必将熊蹯豹胎。”宋代文谠注《详注昌黎先生文集》注言：“豢养之豹，取其胎也。”总之，这蛙味之美啊，简直美得像食豹胎那样“人神共愤”！非常可惜的是柳宗元的原诗并未传下来。需要指出的是，柳宗元和韩愈的这一唱和应该在元和十四年（819年），韩愈因谏迎佛骨被贬潮州刺史，桂管观察使裴行立遣慕僚前协律朗元十八集虚迎问于途，并贶书药，同时也带去了柳宗元的关切和问候，包括赠诗，遂有和答。此时柳宗元已在永州生活了十年后，再迁柳州刺史也已四年，生活上应该差不多完全南方化了，而韩愈虽然十岁至十二岁时曾随南贬韶州刺史的长兄韩会在韶州生活过两年，十五年前贞元二十年（804年）也曾被贬连州阳山（当时属江南西道）县令一年半，但对岭南饮食，终究不惬于心，甚至心存戒惧。在我看来，韩愈并不一定不喜欢吃蛙，还可能喜欢上了，只不过文人的面子作怪，绕着来，先说柳宗元“居然当鼎味”，再说自己“近亦能稍稍”，说明他还是吃的，而且还是觉得好吃的，特别是“常惧染蛮夷，失平生好乐”一联道破天机——说怕别人说他和土人一般嗜好，降低了身份而已。

再晚一些，据说唐懿宗咸通年间曾南游岭南并在广州写成传世之作《北户录》的段公路（欧阳修《新唐书·艺文志》称其为唐穆宗时宰相段文昌之孙），便在书中对岭南食蛙的历史渊源与现实盛况，作了详尽的描述；永瑢《四库全书总目提要》称《北户录》记载岭南风土十分赅备，“征引亦极赅洽”，于此即可见一斑，因此这些记录值得我们重视。且看《北户录》（四库全书本）卷二“蛤腫”条：

理之常法，蛤即蛙也。《周书》：“腐草为蛙。”陶注《本草》：“青脊者曰土鸭，黑者南人呼为蛤子。”《南史》：“下

彬为《虾蟆赋》云：‘纡青拖紫，名为蛤鱼。’以讽令仆。”《汉书》言：“鄠杜之间水多蛙，鱼人得不饥。”又《朱书》：“张畅弟为猘犬所伤，医云食虾蟆鲙可愈，而弟有难色。畅先食，而弟方食，果能愈疾，即知前古之人食蛙久矣。”又《冲波传》：“虾蟆无肠，龙蛇属也。”《抱朴子》云：“万岁者，颔下丹书八字。”《南史·丘杰列传》又云：“虾蟆有毒，梦中得三丸，药后服之，下科斗子数升。”《博物志》所谓“东南之食，水产有蛙蛤螺蚌之为殊味，不觉其腥臊”。今按：蛙唯性热，甚补人——人有折其足，于瓶中以水养之，不三五日其损如故。亦有以苏煎食者是也。

到唐末尉迟枢的《南楚新闻》，蛙食地位日益尊显：“百越人好食虾蟆，凡有筵会，斯为上味。”并介绍了两单蛙食谱。一是“抱芋羹”：“先于釜中置水，次下小芋，烹之，候汤沸如鱼眼，即下其蛙，乃一一捧芋而熟，呼为抱芋羹。”一是“卖灯心”：“先于汤内安笋笴，后投蛙，及进于筵上，皆执笋笴，瞪目张口。而座客有戏之曰‘卖灯心’者。”

由唐而宋，同样贬谪到岭南的苏东坡吃起蛙来，就比韩愈坦诚得多。他在《闻子由瘦》诗中写道：“旧闻蜜唧尝呕吐，稍近虾蟆缘习俗。”万事开头难，笔者相信，苏东坡后来肯定喜欢上吃青蛙了，因为青蛙究竟还是岭南上味。不过，他没有在后来的诗文中留下痕迹，真真可惜。而曾随父宦游广州的南宋人朱彧则开始为粤人乃至整个南方食蛙之民正名：“闽浙人食蛙，湖湘人食蛤蟹，大蛙也。中州人每笑东南人食蛙。有宗子任浙官，取蛙两股脯之，给其族人为鹑腊，既食，然后告之，由是东南谤少息。”（《萍洲可谈》卷二）

其实，早在东汉末年，大经学家郑玄在给《周礼》“蝈氏，

下士一人，徒二人”作注时，即认为：“虾蟇，玄谓蝈，今御所食蛙也。”也即是说，青蛙，不仅在先秦即为御膳，至今（汉）依然！所以，曾在广州知府任上过着”钟鸣鼎食殆无以过”的奢华生活，虽然自己“刻无宁晷，未尝一日享华腴”“每食仍不过鲑菜三碟、羹一碗而已”，仍认为“统计生平膴仕，唯广州一年”的江南人氏赵翼，并未怎么具体写吃过些什么，却写下了一首《食田鸡戏作》，可以从侧面见出田鸡在岭南食谱中的地位。而且，此乃笔者经眼的关于岭南饮食的诗篇中，堪与韩愈的《初南食贻元十八协律》以及近人方澍的《潮州杂咏》鼎足而三的重要历史文献：

贫官日咽酸咸虀，忽闻厨头将割鸡。亟呼爨妇问特杀，并非羽族鹅凫鹥。乃是一群脰鸣种，缚来辈辈指爪齐。惜哉皮已去，青黾黄（虫忌）无由稽。于焉商食单，芼姜淬酒酰。速趁出镦热，芬烈朵我颐。不暇致诘官与私，遑问东行者雄西者雌。就中两股尤莹洁，想因跳跃畅在肢。蟹（敖骨）出肉净无骨，雉臆作脯肥不脂。此物本兼水陆产，固宜味擅二者奇。有客辍箸前致辞，此岂足供口腹资？其类杂虺蜴，其性污草泥。有时胀作白出阔，彭亨大似董相脐。曾闻长吉食之瘦，宁免形如饭颗杜拾遗。我笑谓客不必疑，请为数典语客知。尝考康成注蝈氏，上供御食始汉时。（《周官·蝈氏》注云：“今御所食蛙也。”）并偕羔兔荐宗庙，丞相擅减且被讥。粤人更嗜疥满背，相戒勿脱锦袄披。抱竿羹成夸大飨，贵过斑鹏玉面狸。由来隽味在翘肖，何用猩唇獾炙熊蹯胹。君不见鼠名家鹿渍以蜜，蛇字茅鳝剔作丝。土笋登盘即曲鳝，翅鰕入馔维螽斯。况兹申洁水乐令，济馋都

尉职所司。轮囷虽同虾蟇丑，孳孕实共鲀鱼滋。与其去聒焚牡鞠，何弗侑饱炊炭廖。如客所言太拘忌，毋乃井蛙之见陋可嗤。

在这首诗里，赵老先生对田鸡在岭南食谱中的地位，形容到无以复加的地步。同时也写到了田鸡的具体做法："于焉商食单，芼姜淬酒酰。"以及自己闻香踊跃的吃相："速趁出鏊热，芬烈朵我颐。"据此批驳世俗偏见，当然有力可信。后来出现的两款"太史田鸡"——江孔殷江太史田鸡与梁鼎芬梁太史田鸡——则仿岭南蛙食谱的皇冠上的明珠。

在民国大食家唐鲁孙看来，梁鼎芬梁太史家的田鸡可比江太史家的要好，而梁氏的文名与功名也均在江氏之上——论功名，做过布政使一类的正部级高官，论文名，是岭南近代四大家之一，这都是江先生所不能比的；而饮食之名，其实也不在江家之下，只不过其功名与文名太高，既不必也不应该计较这方面的声名。他在《炉肉和乳猪》（《大杂烩——唐鲁孙系列》广西师范大学2004年）里说："梁太史鼎芬好啖是出了名的，他有一味拿手菜'太史田鸡'传授给广州惠爱街玉醪春，那家有三五座头的小吃馆居然在几年之间变成雕梁粉壁的大酒楼。"从中也可见出广州人吃蛙的时尚以及蛙食在"食在广州"中的地位。

后来太史田鸡便成了不少餐馆"专利开放"的招牌菜，江孔殷的哲嗣著名的南海十三郎江誉镠还亲自出来正本清源过——《佳肴出自名厨手，食谱咸传太史家》："市上又有卖太史田鸡者，以冬瓜煲田鸡汤售客，余尝之颇鲜甜，唯我家所制太史田鸡，则为炆而非田鸡煲汤，制法则以冬瓜及田鸡先行走油，煨以上汤，加草菇会合，慢火煎炆炖，熟冬瓜及田鸡均炆至松，以之

送饭，清甜滋补。”（南海十三郎《小兰斋杂记》之《浮生浪墨》，香港商务印书馆2016年版，第88—89页）

民国年间，外埠鼓吹吃蛙的大有人在，比如玉君的《东粤食谱》（《电友》1925年第4期）所提到的一款蛙食，则更堪粤人独步的秘方：“人知蛙味之美，而不知蛙腹中之二肝，其美更有甚于蛙者。粤人每于药铺中购得干蛙数只，剖其腹得二肝，肝干且黑，切成骰子大小，浸水中，越一小时，便涨大如栗子，色白如玉，和肉加糖煮之，味胜鸡胃。”特别是大名鼎鼎的陈子展教授，写了一篇《谈“吃田鸡”》（《人间世》1935年第36期），引经据典，远胜前贤。关键是认为，从前大家都吃蛙，只不过后

来随着气候变迁等影响，食蛙之风渐渐南移，而唯粤最重。先引宋吴曾《能改斋漫录》——

孙少魏《东皋杂录》曰："关右人笑吴人食虾蟆。予考《东方朔传》云，汉都泾渭之南，水多蛙鱼，师古曰，蛙似虾蟆而小，长脚，人亦取食之。又《霍光传》，霍山曰，丞相擅减宗庙羔兔蛙，可以此罪也。则汉用宗庙苊献。以上皆孙说。予按《周礼》蝈氏，郑氏注曰：蝈，虾蟆。郑氏谓蝈，今御所食蛙也。然则汉以来，虽然至尊，亦食虾蟆矣。

又据宋彭乘《墨客挥犀》说：

浙人喜食蛙，沈文通在钱塘日，切禁之，自是池沼之蛙遂不复生。文通去，州人食蛙如故，而蛙亦盛。人因谓天生是物，将以资人食也，食蛙益甚。

说明最初吃田鸡的是在黄河流域，便是皇帝也要吃它，皇家还要用它祭祖先。后来长江流域江浙人也吃田鸡，倒给北方人笑话，大约这个时候北方人已经不甚吃这个东西了。再后来，如王韬《瓮牖余谈》所说，江浙人也不怎么吃，"虽有食者，然率贱品视之，缙绅家以登庖为戒"，而"粤东极嗜此，供诸盘飧，出以享客，奉为珍味"。

不过作为湖南老乡，陈子展倒并不认为广东的田鸡做得有多好，"便是长沙菜馆里的新鲜麻辣田鸡，衡阳的腊肥田鸡，胜过粤菜馆弄的十倍"，同时也并不怎么待见田鸡馔，"因为这种田鸡的市价比鸡还贵，我有鸡吃，就已经觉得享受过分了！"

北方人嫌弃食蛙，有时简直就是“报应”。中山大学附属第二医院原消化科主任余道智教授跟笔者说过一段奇闻。20世纪60年代初，他带一个医疗队到河南帮助工作，其间多有因饥而患水肿的病人上门求医，而他爱莫能助，更不免忧心如焚。夜不成寐，便踱步田间地头，却意外看见满地青蛙，跳跃卜卜，不禁大喜过望。随即发动村民夜间出来捕捉青蛙，不一会儿捉到几大袋。提回去掉内脏，再炖以红糖，让患者食用。患者起初还不敢吃，再三劝诱吃下，不久水肿即告消失，于是群起仿效，一时活人无数，真是功德无量。余教授五十年后说起来，还感慨不已：内地人有这么好的青蛙不吃，竟然饿出水肿来，在岭南人看来是难以想象的！进而又笑言：当地人知道青蛙能吃后，捉回来内脏也不去，就整个扔进去煮，还吃得津津有味——那已不是美味的胜利，而是实用主义的胜利了。

再按：北京《益世报》1926年8月5日第8版载有浮生《南味食谱》（十七）《烹调田鸡法》，可供参考：“法以田鸡若干只，去皮首肠等物，以清水洗涤，至清洁为度，再以刀切成每只二块，置碗中用酱油、酒盖之，约十分钟，再以面粉用冷水和之，并加以碎切之葱少许，以块切之田鸡，投入其中，别以猪油置锅中煎熬，至沸度，始以田鸡一一下锅煎之，约十分钟，即可取食。食时，蘸以甜蜜酱，或外国酱油，味颇鲜腴，非他物可比。”

美味沙龙[1]

吴慧贞

酥炸沙龙（又名沙虫干）——沙龙是粤省钦廉南区沙滩一带的特产，大如手指，有三四寸长，其味甘甜，酥炸做汤都妙。酥炸之法：取沙龙撕去附着旁边的沙袋，再用剪刀剪开，随把镬干烧猛，倾入沙龙，干炒后取出，合手力擦，以去其沙，再用油镬文火炸至呈黄色，取起上碟，以盐花拌匀食之，非常甘香。

烩沙龙羹——把沙龙干撕去旁连沙袋，用剪刀剪成丝状，在干镬中文火炒至黄色取起，用掌合搓以去其细沙，然后洗净，配料用冬菰、笋、霉头猪肉，都切成丝，随将肉丝以熟油、顶好豉油调匀，下油锅爆过，再将其余配料及膏汁一同炒匀，就将沙龙丝，加些黄酒与汤同滚至将熟，再下黄芽韭菜、麻油一滚，即行上碗，再加些胡椒粉在面。也有加些粉丝同烩亦美。沙龙鸡羹，味甚甘鲜，粤人煮粥及粉面上汤，多加入此味，价廉味美，胜过其他肉料。

①节选自吴慧贞《粤菜烹调法》之“菜式分述”。

岭南蛇羹谱

广东人吃蛇有悠久的传统。最早记载吃蟒蛇的是西汉的《淮南子·精神训》：“越人得髯蛇，以为上肴，中国得而弃之无用。”到唐代便成中馈家常便菜；房千里《投荒录·岭南女工》曰：“岭南无问贫富之家，教女不以针缕绩纺为功，但躬庖厨、勤刀机而已。善酰醢葅鲊者，得为大好女矣。斯岂遐裔之天性欤？故偶民争婚聘者，相与语曰：‘我女裁袍补袄，即灼然不会，若修治水蛇、黄鳝，即一条必胜一条矣。’”唐代的岭南人吃蛇，通常应该是制成蛇羹。如释贯休《禅月集》卷十四《送人之岭外》说：“见说还南去，迢迢有侣无。时危须早转，亲老莫他图。小店蛇羹黑，空山象粪枯。三间遗庙在，为我一呜呼。”这蛇羹，到宋代却要了苏东坡侍妾朝云的命：“广南食蛇，市中鬻蛇羹，东坡妾朝云随谪惠州，尝遣老兵买食之，意谓海鲜，问其名，乃蛇也，哇之，病数月，竟死。”到元代，蛇羹已成粤菜上味；意大利人鄂多立克于元代（1322年左右）到达广州谈到吃蛇见闻时说：“这些蛇‘很有香味并且’作为如此时髦的盘肴，以至如请人赴宴而桌上无蛇，那客人会认为一无所得。”（何高济译《鄂多立克东游录》，中华书局1981年版，第65页）这应当是外国人对广州人食蛇的最早记录。差不多同一时期，即

14世纪20年代在中国生活过三年的方济会修士弗雷尔·奥德里克也说："蛇肉有一种奇异的香味，是一道非常时兴的菜肴，如果宴客的酒席上少了蛇这道菜，就说明主人缺乏诚意。"（[英]约翰·安东尼·乔治·罗伯茨《东食西渐：西方人眼中的中国饮食文化》，当代中国出版社2008年版，第14页）抵明，蛇羹更成官家的席上之珍。如谪官徐闻典史的大戏剧家汤显祖，在《邯郸记》第二十五曲《召还》一开场就唱了一曲《赵皮鞋》："出身原在国儿监，趁食求官口带馋。蛇羹蚌酱饱腌臜，海外的官箴过得咸。"清代著名文学家沈德符也有一首诗《本尔律先生之官粤西奉送三律》写到蛇羹："廿载清曹剖郡符，传闻粤峤太崎岖。已知毒雾终朝有，较似浮云蔽日无。蛋户马人谣宦迹，蛇羹鹬酱饷官厨。漓江定有追锋召，不拟浮湘忆左徒。"

真正开辟吃蛇羹的新时代新境界，在某种意义上表征了“食在广州”的，是晚清民初的南海籍进士、入了翰林的江孔殷太史。诗人胡子晋有一首《广州竹枝词》说：“烹蛇宴客客如云，豪气纵横自不群。游侠好投江太史，河南今有孟尝君。”自注曰：“南海江霞公太史孔殷家河南，甲辰通籍数月后回里，以庖人善烹蛇，约谢侣南、学博、彤熙及余为蛇宴。尔时食蛇风气未大开也，今二十年矣。太史性喜客，客多投之，一时有孟尝之称。”但太史蛇羹怎么个制法？直到他的十三公子即著名的南海十三郎江誉镠的著述，以及他的光绪三十年甲辰恩科会试同年好友谭延闿的日记出来，才基本呈现出“菜谱”的面貌。南海十三郎在香港《工商晚报》1964年2月19日的专栏文章《惜花逐鹿，借酒浇愁》中说：

> 编者又曾询余先父蛇宴友人，始于何时，余以蛇宴之始，自余生。余诞于一九一零年三月三日，即庚戌年元月廿二日，生于巳时。巳时属蛇，故以蛇宴客，均邀侍侧。制法之法，虽未失传，而关于制蛇之李才，今在恒生银行为厨师。然制蛇一席，非七八百金，不得佳味。盖制蛇需云南火腿、北菇、冬笋等材料，龙凤会又需用鸡约十头，但鸡汤不可过浓，浓则夺蛇味，且纯用猪膏，不用生油，方始芬郁。今市上售蛇者，多用味粉及猪骨汤，殊不矜贵。食蛇更需菊花、柠叶、元西、薄脆作配品，菊花以风前牡丹为最美，蟹爪次之。风前牡丹，港中世好原有花种，如利铭泽世兄、杨萼辉世兄，战前利园山及荫庐有此菊种，尚有蓝卷带、九月红菊种，红白蓝三色，恰为英美法中国旗；白菊蓝菊均可食，唯红菊则味苦。然闻好友经战后，已无心栽菊，且港地

觅塘泥不易，种菊之难可知，至花种尚存否，则不得而知矣。至蛇羹需边炉窝煮食，始觉解寒。蛇胆酒又需以热双蒸先开，混入冻酒，始有真味。蛇皮亦可食，且美滑可口。餐蛇而谈社稷，可见用意不只视为补品，喝蛇酒，又有逐鹿山河意，借酒消烦恼。先父晚年信佛，已戒杀生，故不啖蛇羹廿年有多，而近年市上，纷纷以太史蛇羹号召招徕，实则不及昔年所食者远甚，更惜材料，舍北菇而用云耳，弃冬笋而用花胶，汤味又不够浓，只以价廉博德客而已。（《小兰斋杂记・小兰斋主随笔》，香港商务印书馆2016年版，第87—89页）

谭延闿在广州先后做大本营建设部长、湘军总司令、国民政府主席的时候，和江孔殷多有往来，《谭延闿日记》也多有记载，如1923年3月28日记他同军政府诸要人到江孔殷家宴聚，虽然认为“翅不如曹府，鳆不如福胜，蛇肉虽鲜美，以火锅法食之，亦不为异”，但无论如何对江孔殷的“自命烹调广东第一”还是充分认可的——“诚为不谬”。此后屡有相聚，亦多及蛇羹及蛇胆酒，但均没有细说。7月16日孙中山发布“大元帅令特任谭延闿为湖南省长兼湘军总司令”，谭延闿随即率军出征。待到归来，大约战后轻松，始细道饮食之事。如12月10日记：

赴南堤小憩，江虾与谭礼庭今请吃蛇。文白、梯云、沧白、武自、绍基、玉山凡二十余人，三桌分坐，余与杨、伍诸人同座。食蛇八小碗，他菜不能更进。刘麻子言南园诸酒家亦食蛇，然直鸡耳，蛇不过十之一二，乃腥不可进。余谓正以蛇少，故以腥表之，否则不足取信，群谓此言确也。

饮蛇胆酒，亦醺至。散后，登楼，则烟赌窟也。下，与江虾别，计明晚吃蛇之局。

不仅细道饱食八小碗蛇羹，更分别了太史蛇羹与市上大酒家蛇羹之高下，由此引出明日蛇羹之约，亦可见太史蛇羹之魅力。

期年之后，1924年12月1日的江府食蛇日记，吃到了传统的“三蛇会”之上的“五蛇会”，兴奋地譬之为“三权之晋五权”，自然大赞：

余至亚洲，以小艇渡海至霞公家，江正与冠军、洪群、同□、特生、宋满于园中看菊。菊数十种，种各瑰异，然多日本产。循览一周，乃入厅事。饮蛇胆酒，食蛇肉，云乃五蛇肉，非三蛇，犹三权之晋五权云。蛇馨，继以蔬菜，皆甚精美。散后，以六十五年勃兰酒瀹之。

再过一年，1925年10月23日“假江虾庖人治蛇羹待客。饮蛇胆酒凡十余海碗，羹乃尽”，更是豪胜江氏，当然也可视为对太史蛇羹的一种赏誉。可惜，这差不多已是太史蛇羹的尾声嗣响。1926年1月6日再赴江氏蛇宴时，“霞公自云已穷，将往上海卖玉器，后日即行”。2月8日“得汪精卫书，又江虾书，知已归矣”。6月3日“得江霞公书，穷矣，将求人矣，吾亦当时食客也，甚愧对之”。此后所记太史蛇羹，皆是假手江庖，不复江府。1926年11月8日“晚，属江虾厨治蛇羹，约胡子靖、徐大、黎九、王润生、芾棠、心涤、弗焘、安甫、权初、吕满、大、细毛、秋同食，心涤携子芝生来。蛇七副，卅五条，两火锅同陈，每锅以海碗频添者七次，客皆饱饫。蛇胆酒尽四瓶，凡五斤，吾

亦饮数杯，杯盘一空，前此未有也。”11月29日又“请江厨治蛇羹，客皆不速，子靖、岸棱、护芳、谦谷、致中、伯苍、吕满、王先生、吴子镇、徐大、黎九、舒之鉴、绳、秋及余，凡十五人，人尽十碗，复有潘元耀所送蚌壳蠔肉，不能进矣。”11月20日国民党元老张静江也曾借江庖宴客：“至静江家，今日借江庖治蛇羹饷客，静江、协和、应潮、鼎丞、孟余、慕尹、季陶夫妇、韵松，勇公后来，蛇七副，不能尽也。”（相关材料转引自朱正《〈谭延闿日记〉中的江霞公：给〈鲁迅全集〉寻找一点注释材料》，《随笔》2019年第6期）

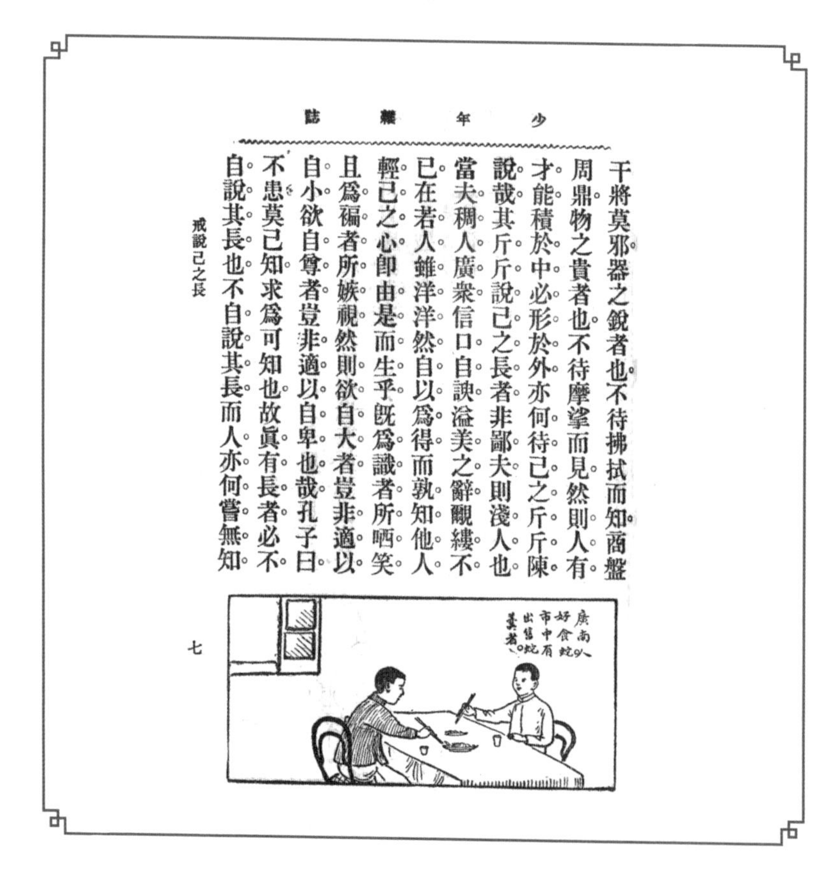
少年雜誌

干將莫邪器之銳者也不待拂拭而知商盤周鼎物之貴者也不待摩挲而見然則人有才能積於中必形於外亦何待己之斤斤陳說哉其斤斤說己之長者非鄙夫則淺人也當夫稠人廣衆信口自詡溢美之辭覼縷不已在若人雖洋洋然自以爲得而孰知他人輕己之心卽由是而生乎既爲識者所哂笑且爲褊者所嫉視然則欲自大者豈非適以自小欲自尊者豈非適以自卑也哉孔子曰不患莫己知求爲可知也故眞有長者必不自說其長也不自說其長而人亦何嘗無知

戒說己之長

七

即便止于1926年，从1910年算来，十五六年，也足够一个小时代了，能引领这么一个时代，在“食在广州”的历史上，也是少见的光荣。

《粤风》1936年第2卷第2期有一篇记者采写的《食蛇乐志》，则可谓市肆食蛇谱：

粤人食蛇，注重配材料，断无白煮熟即食。普通制法，先将蛇用瓷或瓦片开肚取出生胆，弃去肠脏；次用水将蛇肉略煮熟，退骨（据云最毒系骨，不可不拣净）拆为丝。又将嫩鸡亦略煮熟退骨拆丝，加入冬菰、金腿、白花胶等，亦切成丝，与蛇肉丝、鸡丝同烹调，烩至火候适宜，食时再加柠檬叶。寻常食者多取此法。至于蛇皮切丝加入同烩，在食者之好恶，无关于味。好之者则谓蛇皮爽脆，恶之者则谓金脚带蛇皮其形可怕，既无关于味，不如弃之，无非心理作用焉。

《申报》1948年11月14日第6版老丹的《三蛇龙虎凤》所述，则可谓上海粤菜馆三蛇龙虎凤食谱：

所谓三蛇者，是指金脚带、饭匙头、过树龙三种毒蛇而说。据说金脚带补脚部，饭匙头补中部，过树龙补头部。蛇的毒，是从牙床分泌，捕蛇的先把蛇牙除去，蛇便无从放毒了。

烹蛇是先取胆剥皮，去骨拆丝，配着冬菰、石耳、冬笋、火腿、陈皮等切丝拌入清炖。吃时加些鲜柠檬叶丝做香料，每人分小盌而吃，味极鲜美。请客的如果不事先说明，初吃的绝不知道是蛇羹，只赞味道鲜美而已。

蛇胆和酒饮，性甘凉，没有苦味，功能祛风去湿。把它配制陈皮、胡椒、姜等或浸酒，功用相同。

两龙以水蛇为家常菜

今是

家常便饭，菜式虽多，不外猪牛鱼虾及鸡鸭园蔬等，至为普通，若以蛇为常菜，则尝见之于两龙，此亦习惯成自然也。两龙为广东顺德第七区，即龙山、龙江，该处人食水蛇已成一种风气。往日蚕丝鼎盛时，乡人入息，丰富过于别邑，故两乡人民，最肯研究食谱。清明前后，水蛇最多，乡人捕出售，每条值二三毫，大者四毫，住房购之作馔，起骨与猪肉琢之，略加马蹄冬菰粒，与豆粉抽油隔水蒸之，即如琢肉饼，味极鲜美。或佐以笋炒，将蛇起骨切片，先用豆粉豉油腌过蛇肉，以蒜茸起镬炒之，亦香亦甜，此两龙人所常食者，或以之煲粥，略加肥肉同煲，能治疥疮皮肤之疾。余早年患癞疮甚剧，食过两次水蛇粥，则顿归无何有之乡，亦妙品也。按此项水蛇，多产于鱼塘或涌涧，以其附水而生，故名，因其常常入水，所以无毒，春间，售蛇者叫满街头，售时价目议成，售者即为顾客剖之，购者可不费力，酒馆亦间有备此，以应顾客之需者，足见乡人之所好也。

（选自《铁报》1937年5月30日4版）

民国粤味异名录

『广东菜的名称，有许多像是灯谜的谜题，比如很平常的「虾子豆腐」，却易名为「父子同科」，倘不经堂倌解释，任你怎样却想象不出来。』

渭水垂钓

母子相会

龙穿凤翼

御赐黄袍

父子同科

年将及笄

凤入罗帏

粤菜异名录

小白

粤菜馆中，有几味菜的题名，很有意趣的，如属桃色的，有“任人搂抱”，即为虾仁杏仁豆仁炒腰子。“父子同科”，即为虾子豆腐。“生死同衾”，即为咸鱼蒸鲜鱼，以咸为死，鲜为生也。含有历史意味者，如“渭水垂钓”，即为姜丝炒鱼片，以薑谐音姜也。“魏征发梦”，即红烧鱼头，借西游记魏征斩缺龙王头故事，盖鱼亦龙也。其他不及备录，唯其中固有妙造自然者，然亦可见粤人对吃之肯费工夫之一斑矣。

（选自《福尔摩斯》1937年1月17日4版）

粤菜别名种种

仲子

近年广州菜馆，在上海已挣得个地位了。上海的时髦朋友摩登女士，从前没有广东朋友领导，是不敢入广式饭店小吃的，现在都变成内行了。上广东馆消夜，视为夜游的时髦小吃。广东菜的名称，有许多像是灯谜的谜题，比如很平常的“虾子豆腐”，却易名为“父子同科”，倘不经堂倌解释，任你怎样却想象不出来。凡是上过广东馆子的，大概都感觉着莫名其妙。不特外省人如此，就是广东人亦时常会望着菜名来呆想。不过以乡音的关系，总易于猜着，间有错误，亦是虽不中亦不远矣的了。菜的名称，委实，奇怪得有趣。待我将怪名的菜式，注解出来，借此贡献给新华报的读者。

“凤入罗帏”：即鸡片螺片和炒。“年将及笄”：以鲜莲子烩鸡粒，“年笄”与“莲鸡”谐音。“任人搂抱”，虾仁杏仁豆仁等炒腰子，“仁”“人”同音，即许多人搂抱其腰之意。“苦断肝肠”，凉瓜炒鸡什，凉瓜即苦瓜。“炸弹迫婚”：干炸虾球，将虾肉杵烂，和鸡蛋面粉成丸，用油炸，丸即弹，而“粉”“婚”谐音。“御赐黄袍”：即干炸鱼块，鱼和湿面炸后便成黄色，故曰“黄袍”，“御”“鱼”同音。“渭水垂钓”：姜片炒鱼片，“姜”与“羌”同音。“母子相会”：即虾子炒虾仁。“豪杰被困”：炸生蚝，蚝以湿面和混油炸，被困面内。“翠翠珊瑚”：火腿丝炒青菜。“龙穿凤翼”：以鸡之大转弯去骨，用瘦肉丝实其中来红烧。“魏征发梦”：红烧鱼头，发梦即

蟹烧芥兰

做梦，系西游记魏征斩龙王头的故事，鱼亦龙也。“被职归里”是炒鱿鱼，鱿鱼炒后即卷成微形，很像人卷铺盖一样。“生死同衾”：即咸鱼蒸鲜鱼，两样加生油隔水蒸，其味无穷，是粤人唯一（下）饭菜。“太白捞日”：此是甜品，即清炖雪梨，“梨”谐“李”也。

其余尚见有“姑嫂不睦”“萝卜救母”“床头金尽”等甚多，限于篇幅，恕不述矣。唯有一“东三省被占”，则似寓意太深，是瘦肉虾仁豆腐羹，意以豆腐羹之“豆腐”谐“欺负”二字，“瘦”谐“受”，“仁”谐“人”，即“受人欺负”之谓也。

（选自《新华报》1939年8月24日2版）

谈菜谱：介绍新都桃园三杰

石洪

踏入菜馆要点用些菜，首先得翻阅一下菜谱。在一般规模较大的粤菜馆里对菜谱很重视，不但印刷精美，装订考究，而且关于所题菜名也是缜密研究，字斟句酌的。所以不称菜名单、菜名册，而称为菜谱或食谱，菜而能入“谱”，这便大有研究了。

固然，菜谱是为顾客预备的，应该越清楚越好，煎虾碌、沙律烟鲳鱼，多明显，一看菜名便知道这是什么，等一会可以吃到应是什么，那又多便利。但有时因时应节，有时因地即景，偶然给某几道菜题上个雅致的名字，或应时应景的名字，那倒也很有意思的。

粤菜中关于这种菜谱的题名，有根据它的色，有象征它的形，也有因它的质，因它的味而给题上各个不同的特殊的名字。所题的固然也有题得稀奇古怪而不易为人一望而知，但一经解释，倒是确题得着笔入微的。

曾听一位老人家讲过那么一个笑话，有人很喜欢吃黄豆芽配煮的菜，但又不愿告诉人家是吃黄豆芽，所以当人家问他吃什么菜时，他总是说：“今天的‘珍珠宝石汤’真好吃。”或者说：“那一味‘乱箭射孔明’真够味！”说得人家莫名其妙，其实是极普通极平常的菜；黄豆芽（珍珠）猪血（宝石）汤和黄豆芽（乱箭）炒猪心（诸葛孔明）罢了。以“猪”来代表诸葛，那位

题名的，未免有点太刻薄了。

类此给某一道菜题一个特殊名称的，在新都菜谱上也可以找到，都是加上方框，注明“特备名菜”的，且让我先介绍桃园三杰。桃园三杰，是历史上的人物，也是妇孺皆知而憧憬着的人物。说书先生介绍三杰时会说得唾沫飞溅的，谁不知道，三杰就是三国的刘、关、张。但在菜谱里又怎样会题上这一个菜名，那道名菜又是怎样做法的呢？

先要找出三种作为代表三杰的原料：鸡、火腿、冬菰。

“为什么一定要选这三种呢？”不禁问问江厨司。

“刘、关、张不是白脸、红脸和黑脸吗？鸡、火腿和冬菰的色泽不是正恰如这三张脸吗？”

当然不是随便可以配上去的，新都这一味菜是选用兰溪笠帽菰、香露嫩鸡，和上云腿作为原料的。

“怎样烹调呢？是炒的吗？”

“不，那是要上蒸笼的，还要加上虾茸汁呢！”

实地看他们制那味菜：先用整只大冬菰填底加以鲜虾茸，铺上一块香露嫩片，又加虾茸，最上一片便是上云腿。这样一只又一只依式做好，的确要费不少工夫。

上过蒸笼，然后浇上鲜虾茸汁，于是这一道名菜便可上席了。

“用什么来象征桃园呢？”

“鲜虾茸呀，那颜色不正是桃红的吗？”

热腾腾的一碟“桃园三杰”已在边讲边熟了。果然，颜色鲜美，一阵阵的香直向鼻管扑来。

桃园三杰是新都的特备名菜，可以下饭，也可以下酒，简直还可以当点心。可是那是颇费工夫的一味菜，点用后，总得候上些时间的。

（选自《新都周刊》1943年第7期第11页）

民国年间，因为经济、政治以及战争等种种因素，人员在各地的流动，远超前代，应运而生大量旅行指南、城市生活指南类图书，住宿饮食往往必不可少，不少载录了当地的粤菜馆，现将其中附列的粤菜谱辑录如下。

东南文化服务社编《大上海指南》，光明书局1947年版，第123—124页——广东菜：一名粤菜，即广州菜（因尚有潮州菜），别有风味，盖与四川菜类似。其擅长之菜为“炒鱿鱼”“炖鸡爪”“炸子鸡”“炒鸡肫”“信丰鸡”“滑虾仁”“炒鸭掌”“炒肚尖”“汤泡肚”“汤泡肾”“蚝油牛肉”“杏仁鸡丁”“清蒸海参”“白汁鲳鱼”“草菇蒸鸡”“红烧鱼翅”“走油田鸡”等。又名贵者有“龙凤会”“山瑞”“猴脑”“穿山甲”“海狗鱼”“果子狸”等。[①]然仅限于秋、冬两季，且不常有。平时小吃，则“叉烧”“香肠”“烧肉”，皆其特品，售价甚廉。又粤菜馆多以酒家名，此亦酒菜业中，其独具之特征也。

①民国时期的名菜。现不可食用，请爱护野生动物。

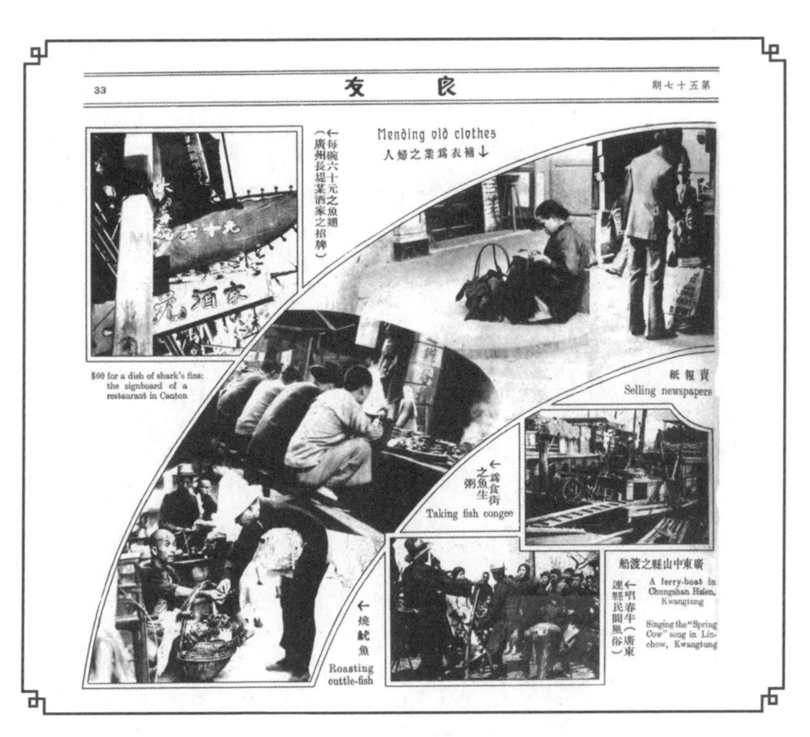

33　良友　第五十七期

Mending old clothes
補衣爲業之婦人

每碗六十元之魚翅（廣州長堤某酒家之招牌）

$60 for a dish of shark's fins: the signboard of a restaurant in Canton

賣報紙
Selling newspapers

爲食街之魚生粥
Taking fish congee

廣東中山縣之渡船
A ferry-boat in Chungshan Hsien, Kwangtung

唱春牛（廣東連縣民間風俗）
Singing the "Spring Cow" song in Linchow, Kwangtung

燒魷魚
Roasting cuttle-fish

马芷庠编、张恨水审定《北平旅行指南》，同文书店1937版，第242页——广东馆：东华楼，欧公祐，二十年一月（开办），蚝油炒香螺、五柳鱼、红烧鲍鱼、干烧鱼，东安门外；东亚楼，叉烧肉、江米鸡，东安市场；一亚一，鱼粥、鸭粥，八面槽；新广东，西单商场；新亚春，陕西巷。

中华书局1936年版《上海游览指南》第三编《起居饮食》，第61—62页——粤菜（上海通称之粤菜即广州菜著名者有）：粤南楼，北四川路西武昌路口；粤商酒楼，北四川路蓬路相近；秀色酒家，北四川路老靶子路口；会元楼，北四川路武昌路口；陶陶，武昌路；大中，南京路；味雅，北四川路崇明路；

新雅，南京路云南路东首；味雅支店，福州路石路东首；南园，福州路浙江路西首；梅园，南园对门；清一色，浙江路汉口路口；大三元，南京路五六一号；金陵酒家，爱多亚路西新桥街口；杏花楼，福州路昼锦里口（粤菜中之最老者，四层楼客座尤佳）；东亚酒楼（兼西菜），南京路先施公司；大东酒楼（兼西菜），南京路永安公司；新新酒楼（兼西菜），南京路新新公司，等等。擅长之菜为炒鱿鱼、炖鸡爪、炒响螺、蚝油牛肉、杏仁鸡丁、炸子鸡、鲜蒸海狗鱼、白汁鲳鱼、挂炉烧鸭、脆皮烧鸡、盐鸡、炸鸡肫、翠凤翼、信丰鸡、草菇蒸鸡、红烧鱼翅、鸡茸鱼肚、走油田鸡、金钱虾饼、滑虾仁、炒鸭掌、炒肚尖、汤泡肾等；其名贵者，秋冬有龙凤会、山瑞、穿山甲、海狗鱼、蛇肉等，然不常有。

陈莲痕《京华春梦录》《香奁》，广益书局1925年版，第72—73页——东粤商民，富于远行，设肆都城，如蜂集葩，而酒食肆尤擅胜味。若陕西巷之奇园、月波楼酒幡摇卷，众香国权作杏花村，惜无牧童点缀耳。凉盆如炸（叉）烧、烧鸭、香肠、金银肝，热炒如糖醋排骨、罗汉斋，点心如蟹粉烧卖、炸（叉）烧包子、鸡肉汤饺、八宝饭等，或清鲜香脆，或甘浓润腻，羹臛烹割，各得其妙。即如消夜小菜及鸭饭、鱼生粥等类，费赀无几，足谋一饱。而冬季之边炉，则味尤隽美。法用小炉一具，上置羹锅，鸡鱼肚肾，宰成薄片，就锅内烫熟，沦而食之，椒油酱醋，随各所需，佐以鲜嫩菠菜，益复津津耐味。坠鞭公子，坐对名花，沽得梨花酿，每命龟奴就近购置，促坐围炉，浅斟轻嚼作消寒会，正不减罗浮梦中也。

附录一

跨越百年的传承：广州酒家匠心演绎民国粤菜

在《民国粤味：粤菜师傅的老菜谱》出版之际，广州酒家在文昌、滨江、体育东、越华等分店相继推出了一桌民国粤菜，将民国时期的经典粤菜重现食客眼前，精彩惊艳的菜式出品获得了一致好评。

广州酒家“一桌民国粤菜”地成功推出，可以说是集“地利人和”之势。

粤菜随着广东人前往上海滩的开埠而逐渐闻名，直至发展到今天全国人民心向往之的“食在广东”；而根植于美食之都的广州酒家，更是跨越百年用匠心演绎粤菜文化，使“食在广州”深

入人心。如此盛名，使民国粤菜的重现有了地利之优。

而“人和”则是推动“一桌民国粤菜”诞生的内在动力。在这里，我们不得不提一个人物，那就是岭南美食文化研究专家周松芳博士，他不遗余力地整理民国时期的粤菜谱，使“一桌民国粤菜”的重现有了蓝本。可是面对厚厚的书稿，如何从中选择合适菜式来复刻经典呢？这个选择难题落到美食专栏作家、《风味人间》美食顾问林卫辉先生身上了。基于对美食的认真，他在百忙之中依旧通读书稿，并多方求证，选择了15个菜式，如扒大乌参、鱼头云羹、（鲮）鱼面、鲍鱼猪肚、鲜莲蟹羹等。这些菜式

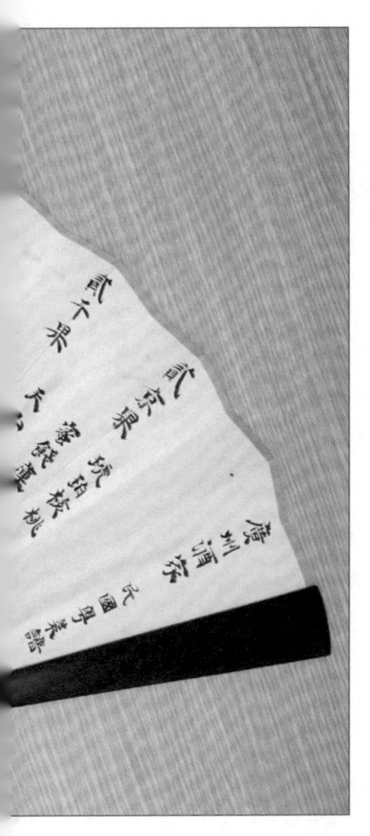

的共同特点就是，既有详细的做法，又是民国粤菜的代表，同时食材于现在又可获得。菜式的选择堪称完美，但是纵观广州诸多的酒家，谁可以再现一桌“民国粤菜”呢？“对传统粤菜的理解与演绎，舍广州酒家又有谁？” 林卫辉先生一语中的，并热情地联系了广州酒家探讨此事。

一直大力弘扬粤菜文化的广州酒家，责无旁贷地担起此艰巨的任务。为重新演绎这一桌民国粤菜，广州酒家集团广泛搜集大量文献史籍资料，由粤菜烹饪技艺传承人大师队伍联合一众专家学者共同研究，深入挖掘民国菜单内容、菜式典故和制作方法，经过反复调试研制，匠心还原民国粤味，唤醒民国时期羊城舌尖上的记忆。经过几个月的试验，一桌“民国粤菜”终于横空出世，广州酒家集团旗下餐饮门店也相继推出民国粤菜，让更多市民体验民国时期的历史风味和饮食文化。

相继推出的民国粤菜，得到广大食客和专家的好评。但对此佳绩，广州酒家认为这是己任。多年来，广州酒家集团积极开展粤菜烹饪技艺非物质文化遗产的保护、传承和发展工作，大力弘扬粤菜文化，成效显著。今后，广州酒家集团将持续发力挖掘传统粤菜的文化内涵，让非物质文化遗产惠及广大人民群众，为粤菜烹饪技艺的可持续发展赋能，以实际行动擦亮“食在广州”的城市名片。

附录二

广州酒家民国粤菜宴背后的科学

岭南美食文化研究专家周松芳博士，历经几年寻找资料，整理出民国时期的粤菜，由他一己之力编撰的《民国粤味：粤菜师傅的老菜谱》，就要由广东旅游出版社出版了。一个湖南人，不远千里来到广州，潜心研究粤菜文化，这是一种什么精神？

松芳兄与我私交甚笃，闲聊中说有一个愿望，就是希望能让民国时的部分粤菜重新出现在餐桌上，我就将任务揽了下来。然而，这就是个艰巨的任务：首先必须通读书稿，其次是从中找出已经消失了的菜式，三是从中挑选出有价值的部分，四是尽可能找出这些菜的详细做法。更艰巨的任务则落到了广州酒家的研发团队头上，对传统粤菜的理解与演绎，舍广州酒家又有谁？经过几个月的试验，一桌“民国粤菜”终于横空出世，我与周松芳博士有幸作为“试吃员”，吃到了第一顿。感觉如何？岂是“惊艳”二字可概括的？精益求精的赵利平总经理说还要微调，择时再推出。既然还未定味，今天我们就不聊味道，只聊这桌民国宴背后的科学。

八宝蛋

凉菜的八宝蛋，将鸡蛋液取出来，加瘦火腿、冬笋、鸡肉、虾米、冬菇、香芹、葱白、核桃肉，再放进鸡蛋模具中蒸熟。鸡蛋本来的味道比较温和，没有什么惊艳之处。蛋白贡献的是硫黄

味，在蛋白温度超过60摄氏度时，蛋白质的折叠结构开始展开，暴露出硫原子，与氢原子结合，产生少量硫化氢，这就是蛋味。当温度达到62摄氏度时，蛋白凝固，继续加热，蛋白里的水分逐渐流失，硫化氢就越多，产生令人不适的臭鸡蛋味。而蛋黄贡献的是氨的味道，如奶油般的淡淡的甜味，蛋黄在68摄氏度时凝固。从味道到口感，以62摄氏度到68摄氏度为佳，这时的鸡蛋，蛋味十足，嫩滑如脂。当蛋黄到了82摄氏度，大量的硫化氢也在蛋黄中产生，臭鸡蛋味也更浓了。如何让蛋有蛋味但没有臭鸡蛋味？诀窍就是控制硫化氢的含量，而控制硫化氢含量的方法有二：一是控制温度；二是对鸡蛋进行稀释。八宝蛋给鸡蛋加了这么多东西，就是稀释，而且，火腿、虾米、鸡肉提供了谷氨酸和核苷酸，冬菇、冬笋提供了天门冬氨酸，鲜味增加了二十倍，所以好吃！

烩瓜皮虾

用虾干冷水浸透，再将黄瓜洗净去瓤，切薄片，用盐拌透，以白醋腌酸，临用时去酸醋汁，加白糖拌匀，又将海蜇洗净沙泥，冷水浸透，下滚水一浸，取起切丝，用麻油同瓜、虾拌匀上碟，香美爽脆，很是开胃。凉菜的任务，一是为需时烹饪的热菜争取时间，让客人有东西吃；二是开胃，为接下来的大餐打开味

蕾。这道凉菜因此具备了一道合格凉菜的一切优秀品质：酸黄瓜的氢离子刺激味蕾，唾液因此分泌，所谓“口水流了一地”，就是胃口大开的信号。盐腌糖渍，这是让黄瓜脱水，黄瓜因此变得酸脆。虾干浓缩了虾的谷氨酸和核苷酸，因此鲜得发甜，海蜇头的脆是可以让牙齿发生共振的，这种既鲜又酸又脆的复杂口感，旁人说什么，也无法听见了。

太史田鸡

这是“岭南近代四家”之一，入过翰林院，当过末代皇帝溥仪老师的梁鼎芬太史的家厨所制，用田鸡与火腿炖汤，再用这啖汤来扣冬瓜与田鸡腿，田鸡腿则先走过油。这味菜，妙处在清与鲜，是当时权贵的名馔。现在不给吃田鸡了，只能改用牛蛙，肉更多，味也还好，研发团队为了不让其味道减损，加了干贝。上汤是粤菜的灵魂，各种肉炖煮出来的汤，萃取了肉中绝大部分

的香味物质和氨基酸，除了鲜之外，使用不同的肉，也就具备了不同的香味。由火腿萃取出来的上汤比新鲜猪肉汤更鲜，那是由于猪肉在腌制时，蛋白酶对没有味道的大分子蛋白质进行分解，产生了具有鲜味的小分子氨基酸；用火腿炖出上汤会更清，那是因为经腌制后的猪肉水分挥发，蛋白质和脂肪分子更紧实，不容易被析出。浓汤产生的原因有二：一是蛋白质和脂肪的大量参与，二是肉碎的析出，这两种情况都不会出现在火腿上汤中；无论是田鸡还是牛蛙，脂肪含量都不高，这样炖煮出来的汤，只有香和鲜，并突出了清。冬瓜的主要成分是水和植物纤维，为冬瓜味道做出贡献的，是冬瓜所含的谷氨酸、天门冬氨酸和鸟氨酸，每100克冬瓜才含0.4克蛋白质和0.2克脂肪，这就是冬瓜“清”的原因。这样的一个组合，鲜、香、清具备，很适合夏天喝。

扒大乌参

将乌参洗净，用开水汆透捞出，加入鸡、火腿、干贝(用小布包好)、葱、姜和清水，先用大火烧开，然后用小火煨1.5至2个小时，直至将乌参完全㸆透烂为止。取乌参及汤，大火烧开，加入酱油、料酒、盐、白糖、胡椒粉，再转微火10分钟，取出乌参盛在大圆盘内。将锅内的汁调好味，用淀粉勾芡，淋上鸡油，浇在乌参上，洒上上等虾籽即成。海参味道寡淡，如何让它入味，是烹煮海参的关键，鸡、火腿和干贝贡献了谷氨酸和核苷酸，长时间的煨使得鲜味进入乌参中，乌参相对疏松的分

子结构，也是它更容易入味的关键。酱油、料酒、盐、白糖、胡椒粉为乌参进一步调味，淀粉水勾芡，淀粉糊化后形成一张网，既限制了香味的挥发，也限制了酱汁的流动，入味的乌参沾着酱汁，因此唇齿留香。我们口腔的触觉也参与了对美味的感知，大凡营养丰富的食物，都因富含胶原蛋白而表现出口感之糯，软糯的食物，在味蕾中停留的时间长，美味且持久，因此让人产生幸福感。你说这样的食物不好吃，吃的人都跟你急！

红焖大篾翅

这是一道费工夫又费食材的菜，发翅就已经很麻烦：将翅边剪齐，用清水浸，再用滚水焗，取出轻轻刮去沙；用疏青竹篾将翅夹着，放在瓦炖盆里加清水煲，之后漂清水，继续去沙，并去掉翅骨以及夹心筋；再用竹篾将翅夹着，放在瓦炖盆里加清水煲，煲了换水再煲，反复多次，至清除灰臭味为止。第二步是流煨翅，这是第一次给鱼翅入味。用竹篾将翅夹着放置锅里，依次

用清水，加姜块、料酒、清水等，把翅冲几次。然后起锅将葱爆香，下上汤（汤以浸过翅面为度）将翅煨透，取起滤干水分。在滚煨翅时，要用瓦片将翅轻压着，以免翅露出水面，滚散或者滚煨不着。第三步是焖翅，这是第二次给鱼翅入味。将滚煨好的翅从中破开，用竹篾分两头排开、夹好，依次放入老鸡、鸡脚、猪手和翅，将瘦肉、鸡油加放在翅面，然后加入上汤，

用慢火焖好至翅黏为好。第四步是上翅。翅焖好后，去掉老鸡、鸡脚、猪手、瘦肉、鸡油等，将翅取出，用特大椭圆形银汤盘盛载，疏松造型，然后猛火起镬下猪油，烹酒，加入原汤、顶汤、火腿汁、精盐、味精、胡椒粉等，至微滚时，用上等酱油、湿马蹄粉勾金黄芡，加入包尾油分两次淋在翅上，裙翅中间横间一行火腿丝；另煸炒银针，分两小盘，面上撒火腿丝，跟裙翅上席便成。鱼翅本身没什么味道，用这么复杂的工艺，这么充足的配料，目的都是为了入味，这符合袁枚所说的“有味使之出，无味使之入”的原则。鱼翅受人青睐，顶峰时期就在清末民国初期这段时间，彼时以谭延闿、梁鼎芬为首的美食家，几乎每天必吃，大三元酒家更是以六十元一碗大裙翅名扬海内外。焖煮得当的鱼翅，糯中带脆，糯使人有幸福感，而脆让人心情愉悦，再想到其丰富的营养，传说中的功效，仿佛吃着吃着就见效了。在大三元推出六十元一碗的鱼翅之前，清末广州西门卫边街已经有一家联升酒楼推出干烧鱼翅，也是六十元一份，这从清光绪拔贡南海人胡子晋的《广州竹枝词》“由来好食广州称，菜式家家别样矜，鱼翅干烧银六十，人人休说贵联升”可以看出。如今将这一名誉一时的红烧大簏翅重新演绎，值得一试！

网油蚝脯

据《家》1947年3月号第14期载：“蚝脯须选新者为佳，陈者则历时过久，肚油变味。取蚝脯先用水滚一过，如蚝脯极新，身胃未干者则不须滚，可以冷水浸透，洗净沙泥，然后用姜汁酒下油锅炒过，再用猪网油膏把蚝脯逐只包裹，下油镬炸过，以上好原豉酱加蒜子三粒，捣至极烂，与蚝脯拌匀，放瓦钵内加绍酒二三两隔水炖脸，味甚浓厚甘美。”蚝富含氨基酸，极鲜，蚝脯

根据其含水量的不同分为两种，半干湿的称“银蚝”，干的称“金蚝”。蚝的晒制过程，脱水让蚝不会腐败，口感也因而变得越有嚼劲。同时，失去营养源的蛋白酶对蛋白质进行分解，产生大量鲜味氨基酸，这就是蚝脯比生蚝更鲜的原因。用猪网油包着炸，这是让蚝产生美拉德反应，高温下大分子的蛋白质迅速分解为小分子的氨基酸。调味后再隔水炖，这令氨基酸进一步释放，蚝脯吸收更多的酱汁，口感也由干硬往绵软转化。生蚝晒制成蚝脯的过程，不可避免地产生了腥味，这是因为生蚝里的氧化三甲胺转化为三甲胺和二甲胺，酒和姜、蒜参与烹饪，既给蚝脯增加了香味，乙醇和硫化物遇热挥发，也带走了部分腥味的元凶—三甲胺和二甲胺，又赶又盖，腥味基本就感觉不到，只剩下极鲜的蚝脯。这个菜，适宜一口菜一口酒！

蟹烧紫茄

按民国时的资料，其做法是：先将蟹蒸熟拆肉，用嫩紫茄刨去皮约大半，切长丝或如马耳块，下油镬炒熟取起，用蒜茸、浙醋、白糖调匀后，下蟹肉和“宪头”落油镬滚匀，淋上茄面上席。广州酒家研发团队对这道菜进行改良，改炒茄丝、茄块为炸茄盒子，这是一个非常不错的思路。茄子，很容易入味，这得益于它的分子与分子之间有大量的气孔。但气孔过多，遇热又容易塌陷缩小，这就影响了菜品的卖相。这次广州酒家用茄盒的形

式表达，用淀粉包住茄子，给茄子加了一层保护伞，坚挺得很。茄子有各种颜色，紫色、青色、白色、青紫色…这主要是茄皮中所含色素茄色甙、紫苏甙、花青素、叶绿素、类红萝卜素等的比例不同所决定。茄色甙、紫苏甙和其他色素又会在不同的温度和环境下使茄子颜色产生变化，选用紫茄，紫袍加身，与如白玉般的蟹肉互相衬托，让人食指大动！用蟹拆肉入菜，这在民国时奢侈得很，甲壳类海鲜比鱼更鲜，那是因为为了平衡海水的盐度，鱼是通过氨基酸和氧化三甲胺，而甲壳类海鲜只是通过氨基酸，所以含量更高，鲜味更足。整蟹蒸熟后再拆肉，这有利于保存更多的氨基酸，因为蟹壳本身就含有不少氨基酸，它还起着保护蟹肉里氨基酸不流失的作用。

民国时期的粤菜，是粤菜形成的最重要时期，也是“食在广州”这一口碑唱响的时候，这背后，有粤菜大师们经过多年实践摸索出来的一套符合现代烹饪科学的技法。泰山不是堆的，粤菜也不是吹的，广州酒家把丢失的民国粤菜找回来，极大地丰富了现代粤菜，“食在广州第一家”，舍我其谁？！

美食专栏作家

公众号“辉尝好吃”主理人

林卫辉

后记

在丛书主编赵利平先生亲自部署、指导和广东旅游出版社社长刘志松先生的亲自策划下，笔者贾起余勇编撰了这本《民国粤味：粤菜师傅的老菜谱》，虽然在蒐集老菜谱上“功不可没”，但“食古不化”之嫌亦难避免。好在事业大成的林卫辉先生本着校友情谊出手相助，以食贯东西的丰富经历、学富五车的渊博学识、跨届饮食业的大咖身份，“钦选”十几道菜式及汤点，组成一席“民国宴”，并专门撰写了《广州酒家民国粤菜宴背后的科学》一篇惊世雄文（见附录一）详解其道；赵利平先生亲自部署、指挥广州酒家反复试制，厥告大成，艳惊四方（详见附录二《跨越百年的传承：广州酒家匠心演绎民国粤菜》）；当代最负盛名的饮食摄影师之一、中国摄影师协会美食摄影专业委员会主任何文安先生仗义相助，亲自拍摄，以资配图，顿使满纸生辉。更重要的是，试制的成功，雄辩地证明了此编的文献意义和市场价值，怎不令人心生感激！

特别是丛书主编赵利平先生，作为著名饮食企业集团的掌门人，同时也是著名的收藏家、文艺评论家和书画家，把指导编撰此书作为繁忙公务中的重要一环，并及时抽暇撰写总序和题写书名，更增添了此书在业界和读书界的美誉度，谨致衷心感谢！此外，出版社的责任编辑，在编辑过程中删汰冗余，分类点睛，增色良多，也深表谢意！

周松芳

2021年3月于康乐园